数 楽 通 信

序 文

　この本は、岡山自主夜間中のホームページに令和三年度に「数楽通信」として、掲載されたものをまとめたものです。出版に当たって、画像など一部を改変しています。内容はタイトルの通り、数学に関する雑文です。数楽といいながらかなり難しいところもありますが、書いた本人もよく分かっていませんので細かい点は気にせず、数学はどんなところに役立っているかを感じて頂ければと思っています。不正確で間違っているところも多々あると思いますが、お気づきの点があれば、ご指摘頂ければ幸いです。

「ファインマン物理学」で有名な物理学者ファインマンが大学の講義のポイントとして語っていた言葉に「かなり出来る学生でも、すべて分かったという気にさせない。苦手な学生でも、ここだけは分かったという気持ちを持たせる」があります。引用は易く、実行は至難ですが、こんな方向を目指したいなという気持ちで書いてみました。なにか一つでも、こんなものかと感じた点があれば十分という気持ちで眺めてみてください。

　この三月、五年前から岡山自主夜間中に通って来られたNo.20にも登場されるTさんが、看護師国家試験に合格されました。この本に掲載したような内容も、授業で話したこともあります。少しは、役に立ったかなとうれしく思っています。表紙は、もう古希を越えられていますが、奈良から岡山自主夜間中に通って来られていた米田豊満さんが撮影された又兵衛桜。挿絵のイラストは、同じく岡山自主夜間中の生徒の赤木祥人さんによるものです。

　北野生涯教育振興会様には研究助成援助を頂き、数楽通信を執筆するのに大きな助けとなった分数計算可能な電卓を多数購入することができました。これにより、夜間中の生徒の方への授業効果が大きく向上しました。ご援助に感謝いたします。

　Wikipedia財団様には、多数のパブリックドメインの画像を使用させて頂きました。また、岡山自主夜間中に校舎を提供頂いている「いろはみせBOX」様、表町商店街の「天満屋」様、「丸善書店」様には、裏表紙に写真の使用を許可して頂き、厚く御礼申し上げます。最後になりましたが、「数楽通信」の執筆に当たり、岡山自主夜間中での授業経験が大きな力となりました。岡山自主夜間中の生徒の方々、スタッフの皆様に深く感謝いたします。

目 次

1 そめいよしの

　今は春。桜の花が満開です。岡山夜間中の生徒さんの中にも「桜咲く」と嬉しい合格の便りを受け取った方も複数おられます。4月は新しい気持ちで、漢字検定・数学検定・高卒程度認定試験資格試験、それぞれの目標を設定し、チャレンジしてみませんか？　さて、久し振りの数楽通信は以前にも取り上げた桜に因んだ話です。次ページは夜間中に奈良から来られていた米田さんの撮られた写真。大坂夏の陣で活躍した、岡山にゆかりのある後藤又兵衛屋敷跡の又兵衛桜です。ちょうど虹が懸かっていた珍しいものです。ところでヒトヨヒトヨニヒトミゴロ……1.41421356　覚えていますか。$\sqrt{2}$ の覚え方の語呂合わせです（語呂合わせとは、覚えにくいものに言葉を当て、文章にすることで覚えやすくすること）。漢字で書くと「一夜一夜に人見頃……」、桜の蕾が一晩毎に開き、お花見にちょうど良い人見頃に近づくという意味でしょう。$\sqrt{2}$ や $\sqrt{3}$ の無理数はさておいて、今回はこの桜の話です。和歌では、「花」は桜を指しますが、そのなかでも代表的なのが「ソメイヨシノ」です。街路樹、河川敷、公園、学校などの桜は、ほぼ「ソメイヨシノ」で、日本全国に数百万本あると言われています。有名なアメリカのワシントンD.C.ポトマック河畔の桜も日本から寄贈された「ソメイヨシノ」です。しかし、この「ソメイヨシノ」の歴史は案外新しく、誕生は江戸時代の末期、まだ百数十年です。江戸の染井村の造園師や植木職人たちによって交配の結果生まれ、染井村の「染井」と吉野桜で有名な奈良の「吉野」から「ソメイヨシノ」と命名されたといわれていますが、確実なことは記録が残っていません。ここ十数年の間に飛躍的に発展した遺伝子解析という技術で、「ソメイヨシノ」を調べてみようという番組が数年前にNHKで放映されていました。これには高校数学Aで学習していく「確率」や「順列・組合せ」といった数学が使われていました。すべての生物には、その設計図ともいえる遺伝子というものが存在し、親から子へ伝えられています。森林総合研究所では全国の「ソメイヨシノ」の遺伝子※を解析しました。この情報は4種類の塩基（A, T, G, C）と

いわれる要素の繰り返しででき
ていて、その並び方で（数学で
は順列といいます）遺伝情報を
表します。この並び方の比較的
単純な部分を比較してみたので
す。簡単な例で考えてみましょ
う。A, T, G, Cの四個の塩基か
らできている場合、同じものを
二度使わない場合は、その順列

又兵衛桜

（並び方）の数は4×3×2×1＝24通りですから、二つのものが偶然一致する
確率は1/24です。同じものを二度使ってもいいときは4×4×4×4＝4^4＝64で
すから偶然一致する確率は1/64です。この解析では17個の塩基についての順
列を比較すると、4^{17}≒170億、偶然一致する確率は1/170億。これは極めて小
さい確率です。ところが、全国各地の「ソメイヨシノ」の順列がすべて一致
という、驚くべき結果が得られたのです。生物の個体の遺伝子はすべて異な
るはず。一致していれば、人間ならそっくり同じになるはずです。そう、一
卵性双生児なら遺伝子は一致しています。最近では「クローン」（複製生物）
です。これは「ソメイヨシノ」がすべて「クローン」であるということ、す
なわち、植物では一本の原木から接ぎ木によって育てられたということです。
これがある地区一帯の「ソメイヨシノ」が一斉に咲き、一斉に散る理由なの
です。さらに、「ソメイヨシノ」の配列のパターンがどの野生種と似ているか
を比較し、親を確率的に推定することを試みました。その結果は「エドヒガ
ン」47％、「オオシマザクラ」37％、「ヤマザクラ」11％、不明5％でした。
これまでは「ソメイヨシノ」の親候補としては「オオシマザクラ」と「エド
ヒガン」が考えられていましたが、今回の解析から、「ソメイヨシノ」の片方
の親は「エドヒガン」、もう片方の親は「オオシマザクラ」と「ヤマザクラ」
が交雑したものと推定できます。
　確率や順列は、このようなことにも活用できるのです。（R3.4.3）

※注：遺伝子の他にDNA（デオキシリボ核酸）という言葉もあり、この二つは、新聞やTV
　などでは同じように使われていますが、細胞内にあるDNAという物質に書き込まれた遺
　伝に関する情報を遺伝子というわけですので、厳密には違うものです。

2 *May the Force be with you !*
数学の語呂合わせ

　もうすぐ連休です。5月4日は何の日か知っていますか？

　SF映画マニアなら、きっと知っている日です。この日は "Star Wars" の日です。5月は、"May"「メイ」でしたね。そういえば、スタジオ・ジブリの「トトロ」に出てくるサツキとメイはどちらも5月ですね。これは、宮崎駿監督の遊び心でしょうか？　次に、4日は4のfourにthがついて四番目を表す "fourth"。このように順番を表すのを英語では、序数といい、分数にもこれを使います。4分の1はquarterもよく使われますがone fourthです。上から下、分子から分母と読みます。一斉授業でよく言っているように、日本語と分母分子を読む順が逆ですね。日本語は下から上と逆なのが、分数のハードルを高くしている一つの原因かもしれません。さて、これで5月4日を英語でいうとMay the fourthこれと "Star Wars" の決め台詞 "May the Force be with you!" を発音してみてください。

　（ここで、少し英語の話も。"Force" は映画を見た人なら分かるように「力」です。"may" は英語では助動詞といい、「〜しても良い」「〜かもしれない」という意味ですが、このように文の先頭に来ると、「〜であることを願う」「〜であれ」という意味になります。有名なクリスマスソング "White Christmas" のサビの所は "May your Christmas be white" です。）これから "May the Force be with you!" は「フォース（力）よ汝と共にあらんことを！」となります。このように、発音が同じ文や言葉と合わせて、印象づけることはよくあります。数学では、覚えておくと便利な数値を覚えるときに使われ、語呂合わせといいます。（もともと、語呂の呂というのは日本の古典音楽、雅楽で偶数音階のことを呂、奇数音階のことを律といったことから来ているそうです。ですから、「言葉を調子よく合わせる」ということで、酔っ払ったときなどに、言葉がうまく言えなくなる、「呂律が回らない」はこれからだそうです）

　それでは、数学での語呂合わせを見ていきましょう。ルートについてのも

のが多いです。ルートは、中学校数学最後の難関ですが、自主夜間中でも、一斉授業で夏までにはやりたいところです。とりあえずは、付録1を参照してください。そこでも出てきた$\sqrt{2} \fallingdotseq$1.41421356……「一夜一夜に人見頃」は、桜の満開までの様子を表した語呂合わせ。$\sqrt{3} \fallingdotseq 1.7320508$……

ニュートンの力の方程式

「人並みに奢れや」は、よっぽどケチな人のようです。$\sqrt{4}$ は二乗して4になる数ですから$\sqrt{4}=2$で語呂合わせは必要ありません。$\sqrt{5} \fallingdotseq 2.2360679$……「富士山麓オームなく」は、オーム真理教の事件の時は、偶然にビックリしましたが、そのずっと以前からの語呂合わせです。$\sqrt{4}$、$\sqrt{6}$、$\sqrt{8}$、$\sqrt{9}$が語呂合わせが必要ないのもルートの勉強で分かります。$\sqrt{7} \fallingdotseq 2.64575$……は7から始めて「菜に虫いない」。$\sqrt{10} \fallingdotseq 3.16227766$……も10から始めて「人丸は三色に並ぶ」です。円周率 π についても語呂合わせがあります。

$\pi = 3.14159265358979$……産医師異国に向こう産後厄無く

　語呂合わせが、いつ頃からというのははっきりしませんが（ご存じの方がおられたら教えてください）、おそらく、明治時代に数学が教えられるようになって、そう時間がたたないうちにできていると思われますから、少なくとも100年以上、200年近く経っていると思います。皆さんも、新しい語呂合わせを思いついたら教えてください。最後に、岡山自主夜間中に来られる方にも、学問の力 "Force" フォースが宿ることを願って。

　"May the Force be with you!"

（R3.5.1）

3 見上げてご覧、夜の月を

　岡山自主夜間中も、コロナによる緊急事態宣言で休校を余儀なくされていますが、生徒の皆さんは如何お過ごしでしょうか？　学ぶこと、勉強は外出が制限されてもホームスティでもできます。今回の数楽通信は、5月26日に皆既日食が起きるというニュースから、この話題を取り上げてみましょう。文明の始まった頃（約4000〜5000年以上前）から、太陽・月・星の動きは人類の一大関心事でした。古代エジプトでは、定期的にナイル川が氾濫を起こし、そのため肥沃な土地が生まれ、文明が生まれたといわれています（「エジプトはナイルの賜物」）。そして、その氾濫の時期を知ることは、人々の大問題でした。その時期はちょうど今頃、初夏にシリウスが夜明け直後の東天に赤々と輝く頃と、天体の観測によって知っていたといわれています。日食や月食は、さらに神秘的な大空のイベントであり、古代人が、その周期を知っていたというエピソードも色々とあります。数学の祖といわれる古代ギリシャのターレス（B.C.624〜546）（初めて証明を行ったとされる：ターレスの定理「直径の上の円周角は直角である」）には、日食を予言し、戦争を終結させたという伝説があります。中世、大航海時代には、既に分単位で月食を計算できたことを示すコロンブスの実話があります。彼の新大陸への四回目の航海の時、立ち寄った島の原住民が食料と水を与えることを拒否しました。そこで、コロンブスはちょうど1504年2月29日に月食が起きることを知っていましたので、「神が月を隠して、おまえたちを罰するであろう」と警告しました。原住民は最初、馬鹿にしていましたが、実際その時刻に月食が起きると恐れおののき、彼に服従を誓ったということです。なぜ月食が起きるかは、古代のコペルニクスと呼ばれるギリシアのアリスタルコス（B.C.624〜546）（当時既に地動説を唱えていた）は、月と太陽の間に地球が入り、地球が太陽の光を遮るためと正しく説明しています。そして、そのことから太陽・月・地球の間の距離の比、地球月の大きさも計算しています。今は難しくても、これから、皆さんが図形や数学 I の三角比 sin, cos を勉強すれば理解できるように

なりますから、大筋を書いておきます。
まず、半月の時、太陽・月・地球がつ
くる三角形が直角三角形となることを
利用し、太陽・月・地球の間の距離の
比を計算しました。ここで、三角比、
sin, cos, tan は直角三角形の辺の比です

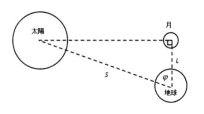

から、これらを使えば太陽と月と地球の距離の比を求めることができます。直
角三角形の形は、一つの角が決まれば、決定しますから、地球上から太陽と
月を結んだ直線のなす角を測ればよいわけです。アリスタルコスは、地球と
月、地球と太陽との距離の比は1：18から1：20の間と結論しました。これは、
正しい値　約1：390と大きく違っていますが、当時はもちろん望遠鏡はなく、
正確な測定は難しいため、理論的には正しい方法です。正確な測定では、約
382倍と計算できます。さらに遠くにある物体の見かけの大きさは、その物
体までの距離に比例すること、太陽と月の見かけの大きさが等しいことから
太陽の大きさと月の大きさの比も推測しました。月食の際の月が地球の影の
中を通過する様子を観察し、太陽と月の見かけの大きさが等しいことから、月
の半径の約3倍が、地球の大きさであると結論しました。（実際は4倍）この
ように古代の賢人たちが、みなさんもこれから学習する基本的な比、三角形
の相似を活用し、鋭い観察眼から宇宙の大きさに迫っていったことを心に留
めておいてください。

　今回皆既月食は20
時09分～28分。

　前線も南下し赤み
を帯びた神秘的な満
月が見られるとのこ
とです。

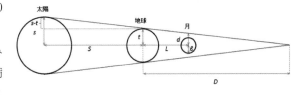

(R3.5.24)

4 因数分解・微積分はいらないか
その I

　A財務大臣が、「きちんとした教育はもう小学校までで十分じゃないかと。中学まで義務にする必要あんのかと。例えば微分積分今で言えば因数分解なんていうのはみんなやらされるけれども、大人になってから因数分解使った人なんかいない。行きたい人が行けばいいんだ。義務教育は小学校まででいい」と言ったことが、報じられていました。

　昨年9月、ネットと通信制を活用した私立N高校（角川ドワンゴ学園）の政治の特別授業（高校生のための主催者教育）に講師として参加した時の発言内容だそうです。

　私は、通信制高校のスクーリングもやっていますが、通信制の生徒は数学で苦労している子が多いので、さすが政治家、その場での受けを狙ったのでしょう。数学嫌いの生徒には受けたかもしれませんが、しかし、一国の財務大臣としての立場も考えて、発言してほしいものです。財務大臣がこのような発言を行うということは、日本の経済・金融政策は、現代の確率論や統計学（微積分の応用によって成り立っています）は、全く、活用できておらず、微積分を知らなかった江戸時代のレベル、勘と経験で、政策立案、遂行されていると解釈されても仕方ありません。江戸時代のレベルは、例えば井原西鶴の倹約と勤勉・勘と処世術で儲けた町人のエピソードを集めた、『日本永代蔵』を古典の勉強と思って、読んでもらうと分かるでしょう。実は、同じような発言は、ゆとり教育が方向付けられた中教審の諮問会議でもあったのです。そのときは、委員であった作家の三浦朱門と曾野綾子夫妻が「二次方程式の解の公式なんか、大人になっても使ったことがないから、義務教育に要らない」と言ったということです。その後の経過は、皆さんご存じの通りです。大臣も、学校で因数分解や微積分の解き方を習っただけで、本当には、その概念・考え方、価値が分かっていないからかもしれません。

　しかし、岡山自主夜間中に来られる生徒さんたちは、志が高く、微積分まで理解したいという方もおられます。微積分の計算テクニックや、差を付け

るための入試問題を解くのには大変な時間がかかりますが、何のために何をやっているか、その考え方・概念はある程度伝えられたらと思いますので、ここで少し書いてみます。

井原西鶴

　まず、微分というのは、その漢字を見ると分かるように、細かく分ける、すなわち分析・解析することです。英語ではanalysis。積分というのは、総合すること、synthesisです。何事をするにも、まず第一歩は分析すること、そして、それを総合して方針を決めていくわけです。これが要らないと言っているわけで、まあ、コロナ対策の迷走ぶりを見ると、分かる気もします。

　で、この微積分を完成したのは、ニュートンとライプニッツです。ニュートンは、リンゴが落ちるのを見て、引力を発見したという程度の認識の方もおられると思いますが、その程度なら誰でもいえそうです。ニュートンの偉大なのは、その力が働く場において物体はどう動くかを解析し、動きを予想できる数学的手法を創り上げたことです。

　それが「自然哲学の数学的原理　PRIMCIPIA」です。当時、ニュートンは微積分を、この書物の中に使うと、理解されないと考え、幾何学を用いた記述をしています。300年以上経っても、日本では状況が変わっていないのは悲しいことですね。

　ニュートンと同じ頃、日本では、関孝和という人物がいました。日本には「塵劫記」から始まるとされる独特の和算といわれる、数学（数学というのには証明がないので異論がある人もいます）が存在しました。関孝和は、塵劫記で独学し、さらに修行を積んで、円の面積から円周率を計算したり、微分法の初期の対象であったような問題を、精緻な計算によって、答えを求めていきました。

　次回では、ニュートン、ライプニッツ以降の、西洋科学の発展と、関孝和以降の鎖国下の日本での違いについても、述べていきましょう。（R3.6.1）

5 因数分解・微積分はいらないか
そのⅡ

　この数楽通信は、難しいと思われる方もおられるかもしれませんが、すべて完璧に分かってもらおうというつもりで書いているのではありません。書いている本人も、分かっているのは半分くらいのものです。アメリカの有名な物理学者の授業のコツに「一番できるものでも、すべて分かった気にさせないこと、全員が何か一つは分かった気持ちにさせること」というのがあります。「数学は、すべて理解し、自分で問題を解けなければならない」と思い込んでいる方は、この言葉のように、一つ分かれば、いや興味が持てればよいと思って、読んでみてください。さて、前回の続きとして、日本の算聖と崇められた和算家の関孝和は正131072角形を用いて11桁まで円周率を求め、計算技術としては同時代のニュートンやヨーロッパの数学に匹敵する結果を出しています。しかし、その後、日本の数学は、全く発展していません。鎖国もありますが、西洋のような哲学的側面がなかったようにも感じられます。関について興味を持たれた方は本屋大賞を受賞した『天地明察』冲方丁があります。夜間中にも、揃えようと思いますので、読んでみては如何ですか？

　関は微分で使われる極限計算で、精度の高い計算を成し遂げましたが、ニュートンとライブニッツは、独立に発展してきた微分学と積分学の関係を明らかにし、学問体系としての微分・積分学を創り上げました。ニュートンは、その微分・積分を自然の摂理の解明に、活用し、当時、神の領域とみなされていた天体の運行の秘密を明らかにしたわけです。

　ニュートンをたたえたイギリスの詩人Alexander Pope の有名な詩（墓碑銘）があります。

　Nature and nature's laws lay hid in night;　God said "Let Newton be" and all was light.

　自然の法則は闇の中隠されていた。

　神は叫ばれた"出でよ、ニュートン"そしてすべては明らかになった。

　それを象徴する有名なエピソードが、ニュートンの友人ハレーが、当時現

れた大彗星の軌道を微積分を用いて計算したとこ
ろ、76年後に再び現れるというものでした。果た
せるかな、76年後に、その彗星は再び現れ、ハレ
ー彗星と呼ばれるようになりました。

　天体だけでなくすべての物体の運動は微積分に
よって計算でき、この体系はニュートン力学とよ
ばれ、19世紀前半までの近代の機械文明の発展の
原動力となりました。

Sir Isaac Newton, 1689

　ニュートン自身の言葉も載せておきます。

If I have seen further than others, it is by standing upon the shoulders of giants.

I do not know what I may appear to the world,

but to myself I seem to have been only like a boy playing on the sea-shore,

and diverting myself in now and then

finding a smoother pebble or a prettier shell than ordinary,

while the great ocean of truth lay all undiscovered before me.

もし、私が他の人より遠くまで見通せるというならば

それは巨人の肩の上に立っているからだ。

私が世間からどう見られているか知らないが

海岸で、ときおりすべすべした小石やきれいな貝殻を

見つけて喜んでいる少年のようなものだ

まだ未知の真理の大海が眼前に広がっているというのに

　最後に、ニュートンの言葉にあるように「学ぶ」ということは、偉大な先
人の肩の上に乗ることです。先人の残したものが偉大であればあるほど、労
力は要りますが、夜間中は競争を強いる場ではありません。歩むことをやめ
なければ、一歩ずつ高みに登れます。

　ひとつでも、分かるところを見つけ、自分のペースで一歩ずつ進みましょ
う。

(R3.6.6)

6

単位についてI

なぜデシリットル

　先日、小学校の「デシリットル」から算数が分からなくなったという話を聞きました。小学校では、理由も分からず覚え込まなければならないことが多く、それが算数・勉強嫌いの原因になっていることが多いものです。この数楽通信では、そういった点について、何か印象に残るような説明が出来ればと思います。「そうか」という納得感が得られれば「細かいところは覚える必要はない」という気持ちで読んでください。前回、ニュートンの話をしましたので、同時代のスウィフトの『ガリバー旅行記』の話から始めましょう。最近は『ガリバー旅行記』そのものは読んだことはないという生徒も多いようですが、ガリバーは小人や巨人、色々な国を訪れています。ある分野の飛び抜けた大企業のことをガリバー企業と呼んだり、スタジオジブリの「天空の城ラピュタ」も『ガリバー旅行記』からですし、インターネットの「ヤフー」も後半に登場するなど、様々なところに影響が見られます。元々、当時の政治を風刺した小説ですので、一度読んでみると面白いですよ。

　ここから、本題の算数の話になります。ガリバーは船が難破して、小人の国に流れ着き、ガリバーの身長は小人の12倍でした。次の問1、問2を少し考えてみてください。

　問1「小人の国の王様は、服がボロボロになったガリバーに「服を作ってやれ」といいますが、服地は小人の何倍必要でしょうか？」

　問2「小人の国の王様は、腹ぺこのガリバーに「食事を与えよ」といいますが、食事は小人の何倍必要でしょうか？」

　まず、問1ですが、身長が12倍だからといって12倍の服地では、ひものような服しか出来ません。服は、縦・横が必要、すなわち面積ですから$12 \times 12 = 144$倍必要です。次に問2　食事はどうでしょうか？　ピンときませんから、象と人間で、調べてみましょう。人間の身長を1.6m　象は5～7mということですから、人間の5倍より少し小さいといったところです。一方、象は一日に200kg食べるそうです。人間は一日に食べる量は1kgから2kgの間

でしょうから1.5kgとしてみます。5の二乗5×5＝25で　1.5kg×25＝37.5kg　5の三乗　5×5×5＝125で　1.5kg×125＝187.5kgですから食べる量は三乗に比例しそうですね。体や食べ物は立体なので　縦×横×高さ　で三乗となるのです。

　問2は12×12×12＝1728倍

ガリバー

ガリバー旅行記の初版本では1724倍と、間違えていたそうですが、スウィフトは三乗となることは分かっていて、第2版では訂正しています。

　これを数学の言葉にすると

　　「面積比は相似比（長さの比）の二乗に比例する」

　　「体積比は相似比（長さの比）の三乗に比例する」　となります。

　これでデシリットルdℓ（体積の単位）を考えてみます。まず立方体で計算します。長さ1cmの立方体の体積　1cm×1cm×1cm　が1立方センチ1㎤です。ジュースなどではccをよく使いますが、同じものです。1cc＝1㎤、ccはフランス語でcentimètre cubeです。次に一辺を10cmにすると体積は10cm×10cm×10cm＝1000㎤これが1ℓです。体積は、一辺を10倍にすると、三乗ですから1000倍になります。そこで、中間的な単位を考える必要が出てきます。10㎤か100㎤を補助単位にすることを考えますが10㎤は小さくて、実用的ではありません。100㎤なら小さなコップ1杯分ですので、料理にも使い勝手がいいでしょう。そこで100㎤すなわち1ℓの10分の1を1dℓとしたわけです。デシというのは1/10を表します。音の大きさで使われる単位デシベルdBも、もともとベル（電話の発明者グラハム・ベルから）があり、実用的には、その1/10が使いやすいので、デシベルdBが一般的に使われるようになったのです。紛らわしいですが、デカは10倍です。歴史の教科書で名前は見たことがあるが、読んだ人は少ないボッカチオの『デカメロン』は「十日物語」という意味です。

（R3.6.20）

7

単位について II
メートル法からアール・ヘクタール

　今回は前回に引き続き、面積の分かりにくい「アール・ヘクタール」です。アール・ヘクタールは面積の単位です。面積は長さの二乗に比例するのでしたね。ですからまず、長さについて調べてみましょう。日本で使われている単位系は「メートル法」です。メートル法は経験的な単位ではなく、理論的に定められた単位です。これはフランス革命後のフランスで、世界に様々あった長さの単位を統一しようと制定されました。

　1791年に、地球の北極点から赤道までの距離の「1000万分の1」が長さの単位「メートル」と決定されました。そして1km＝1000mと決められ、これから地球の一周の距離は40000kmとなりました。このメートルを元にした単位系が「メートル法」です。重さの単位は、前回の一辺10cmの立方体、すなわち1ℓの水の重さを1kgのように決められました。それまでの単位は、イギリスやアメリカで使われている「ヤード・ポンド法」や日本の昔の「尺貫法」にしても、体の一部（手や足）の長さを元にした生活に密着したものでした。この北極点から赤道までの距離は、ダンケルクからバルセロナの距離を経線に沿って三角測量（sint〔サイン〕、cos〔コサイン〕、tan〔タンジェント〕）を用いて、基準の長さと角度から長さを計算で測定されました。「メートル法」制定後も、各国で色々な単位が使われていましたが、1867年のパリ万国博覧会で「メートル法」により単位を国際統一する決議が行われ、普及していきました。このパリ万博は日本が初参加した万博で、大河ドラマの主人公渋沢栄一も参加しています。電球もなかった当時の電気に関する展示から、ジュール・ヴェルヌが『海底二万里』の着想を得たそうです。ちなみにエッフェル塔は1889年のフランス革命100周年記念第4回パリ万博のシンボルとして建築されました。このように理論的に定められたメートル法ですが、地球の北極点から赤道までの距離の「1000万分の1」というところは、人間の身長より少し短いという使いやすさも意識して考えられたことが分かります。そして、1mの千倍を1kmと決めたのは、ヨーロッパの数字は、帳簿な

どの算用数字をみると分かるように3桁区切りであったためでしょう。

　英語では ten, hundred, thousand, ten thousand, hundred thousand, million, ten mollion...

　漢字では十、百、千、万、十万、百万、千万、億と四桁で変わっていきます。そして、これが分かりにくい「アール・ヘクタール」の登場する理由です。面積は二乗ですから、一辺が1mの正方形の面積は1平方メートル、1m×1m＝1㎡　と書きます

海底二万里

が、次の一辺が1kmの正方形の面積1平方キロメートルは、1km×1kmメートルで表すと1000m×1000m＝1000000㎡　大きくなりすぎるので途中に補助単位を設ける必要が出てきます。すぐ思いつくのは、二つに分けて1000㎡を補助単位にすることですが、それでは困ったことになります。面積は二乗ですが　1000㎡を面積とする正方形の一辺はきちんとした整数になりません。これは、先で勉強しますが無理数になります。31.6227766……とどこまでも続く数です。ですから　100,00,00㎡と2桁毎に区切らなければなりません。一辺が10mの正方形の面積、10m×10m＝100㎡　を100平方メートル、1a（アール）、一辺が100mの正方形の面積、100m×100m＝100,00㎡を1万平方メートル、1ha（ヘクタール）と決めたわけです。ヘクトはギリシャ語で「百」、気圧のヘクトパスカルもパスカルの100倍です。

（R3.6.27）

8 マイクロとミクロとマクロ

　分数について、「1」を出発点として、2等分、3等分したものが基準になるという話を覚えていますか？　ここのところの単位の話も基準となる「単位1」を意識しながら、読んでいってください。算数・数学では、いろいろ雑多なことをバラバラに覚えるのではなく、基本となる考え方の元で統一的に理解していこうとしていけば、勉強すればするほどすっきりしてくると思います。しかし、各分野で紛らわしいことや混乱することは必ずあります。ここでは、前回の単位の名称で、日常の言葉にもよく耳にする「マイクロとミクロとマクロ」について、説明していきましょう。単位というものは、「メートル法」以前は、理論的に決められたものはなく、経験的なものでした。もう知っている人は少なくなりましたが、昔は日本にも尺貫法という単位系がありました。これは唐が起源といわれていて、東アジアで広く用いられていました。尺が長さ、貫が重さ、体積が升を基本単位としていましたが、尺は手の長さから決められたということです。不動産の面積「坪」やお酒の一升瓶の「升」、炊飯器でご飯を炊くときのお米の量一合、二合の「合」などは今でも使われていますし、「尺」の十分の一の「寸」（約3cm）、その十分の一の「分」を用いた「一寸の虫にも五分の魂」という言葉もあります。さらに、真珠の取引単位の質量は、「貫」（3.75kg）の千分の一の「匁」（単位記号はmom）が国際単位として使われています。英語圏では、今でも「ヤード・ポンド法」が使われていますが、長さの基本単位「フィート」は、英語のfoot（足）の複数形が"feet"から分かるように足の長さを元にしています。しかも、単位がダース（鉛筆の1ダースは12本）に見られるように10進数でなく12進数の分かりにくい単位系です。10進数などについては、また述べていきます。英語圏の国は、合理的かというと、単位に関してはそうでもないことも分かります。偶然にも、「尺」と"feet"は、いずれも約30cmです。このように、単位は一筋縄ではいかないのですが、ミクロとマイクロについては、実は同じものなのです。この二つは「ごく小さいという意味」や「100万分の1」を

表し、また他の単語の前について、新しい
単語を作ります。少し調べると「マイクロ
フォン」「マイクロバス」「マイクロチップ」
「マイクロウェーブ」「ミクロワールド」「ミ
クロデータ」などがありました。つづりは
"micro"で、ギリシャ語で「小さい」という
意味の μικρός（mikros）に由来し、
1874年、電磁気の単位の標準化を行う際に、
メガとともに新たに導入されました。明治
維新後の日本では、学術の手本としていた
ドイツ（カルテで分かるように、例えば医
学用語はドイツ語が基本です）など英語圏

ミクロの決死圏

以外の国は"micro"を「ミクロ」と発音していたため、まず「ミクロ」が定着
したようです。その後、英語読み「マイクロ」が入ってきて、現在では「マ
イクロ」が主流のようです。ちなみに「ミクロン」というのを聞いた方もお
られると思いますが、これも長さの単位で、「マイクロメートル」と同じです
が1997年から、「ミクロン」は使用しないことになりました。これからは「マ
イクロメートル」が「メートル」の百万分の一をしっかり覚えてください。ち
なみに"ppm"は、ごく微量の濃度を表す割合の単位で、百万に対して、いく
らかということです。

　そして、紛らわしい「マクロ」"macro"です。「マクロ」は「巨大な（も
の）」「巨視的」を表す言葉です。（ギリシャ語makros、長い）が語源。現代
の経済学では「マクロ経済学」「ミクロ経済学」というのが2本の柱です。（割
合の号で、また説明します）

　ミクロ経済学は、最小単位の「消費者」や「生産者」の行動から数理的モ
デルを作り、演繹的・数学的方法によって経済を分析します。一方でマクロ
経済学は、個別の経済活動を集計したデータ、例えば一国の経済を表す指標
GDPなどを用い、大きな枠組みで経済を研究します。これから、経済学の方
へ進もうという人は、心に留めておいてください。

（R3.7.3）

9 千載一遇とは
大きな数と小さな数

　前回の大きな量や小さな量の単位に続き、今回は、少し国語的な内容で、日本語での数の名前、呼び方について紹介していきます。小学校などで、だんだん大きな数を勉強していったとき、「数の名前は、どこまであるのかな」と思ったことはありませんか？

　小学校２年までに一、十、百、千、万までは習ったでしょう。次はどうなるのかと思ったら十万、百万、千万と４桁（けた）ごとの繰り返しのようなので、ほっと一安心。しかし、次は十億、百億、千億と億という数の名前が出てきて、今は小学校４年で「兆」まで習うようです。現在の日本の借金が1212兆4680億円（令和２年12月末時点）というように、国家レベルの財政では、現実に使われていますから、兆までは必須ですね。その次は、実生活には使われていませんが、スーパーコンピュータの名前に使われている「京」です。そして、まだまだ先があるのです。それは、江戸時代初期、吉田光由が、明の算術書を元に著した算術書のベストセラー＆ロングセラー『塵劫記』に載っています。『塵劫記』は掛け算九九の基礎から、面積、両替や利息計算などの実用計算、少し専門的な平方根・立方根の求め方などを挿絵付きで、身近な話題をもとに解説し、日常生活に必要な算術を独学できる内容の書物でした。微分のところで紹介した和算の大家関孝和や『養生訓』で知られる儒学者の貝原益軒なども、若いころ『塵劫記』で独習していたといわれています。塵劫記の「塵」はちり、すなわち小さいものを表し、「劫」は碁や「未来永劫」にも出てくるようにきりのない、大きな数を表します。『塵劫記』によると、大きい方の数の名は次のようになります。（右頁の画像参照）

　十、百、千、万、億、兆、京、垓（がい）、秭（じょ）、穣（じょう）、溝（こう）、澗（かん）、正（せい）、載（さい）。中国の漢字からの名前はここまでで、これ以下は仏教「華厳経」由来のものです。極（ごく）、恒河沙（ごうがしゃ）、阿僧祇（あそうぎ）、那由他（なゆた）、不可思議（ふかしぎ）、無量大数（むりょうたいすう）。今のように４桁毎に名前が変わる（万進法）になったのは、中国の漢代頃といわれ、この一番大きい無量大数は、現代の表記では10の68乗（１のあとに０が68個続く）10^{68} となりま

す。見たことも聞いたこともないようなものばかりですが、穣などは「五穀豊穣」、"穀物が豊かにたくさん穣る" というイメージから、ここに使われているのでしょう。タイトルの「千載一遇」は、普通は「載」を年と解釈して、千年に一度という意味ですが、漢代までの一番大きい数が千載であるので、そちらに解釈した方がより希な、希有な感じがでるような気もします。小さい方は、分、厘、毛、糸、忽、微、繊、沙、塵、挨、渺、漠、模糊、逡巡、須臾、瞬息、弾指、利那、六徳、(不明)虚空、清浄、阿頼耶、阿摩羅、涅槃寂静

千載一遇

　一番小さい涅槃寂静は仏教由来で10^{-24} を示しています。小さい方で、使われている漢字は塵と挨は、今でも熟語「塵埃」として「ちりとほこり」を表します。一方、「逡巡」を使った「逡巡する」は、もともとは非常に短い時間だったのが、今では少し間があるという意味に変わっています。「利那」は今でも非常に短い時間ですね。「模糊」は曖昧模糊に使われていますが、非常に小さいので ぼんやりしているということでしょう。

　岡山夜間中では、漢字検定も実施する予定ですが、漢字も時間の余裕があれば、歴史も調べたり、いろいろな見方をすると面白いかもしれません。

（R3.7.17）

10　ルネッサンスと位取り記数法

　前回は、大きな数、小さな数の呼び方、名前を調べてみました。ローマ数字や漢数字では、このように一つ一つの数に別の記号を使うために、いくら記号・漢字を用意しても足りません。このように数の大きさを桁に名前を付けて表すやり方を「命数法」といいますが、計算を行うには効率的ではありません。一方、筆算で使うように数字を書く位置で、大きさを表すのを「記数法」とくに「位置」を強調して、「位取り記数法」というのは、聞いたことがある人も多いでしょう。数字を書く位置で、大きさを表すので、名前を付ける必要はありません。そして、計算の効率も、大きく違います。例えば、1234×5678を、このまま計算できる人は、ソロバンの暗算の有段者で相違ないでしょう。しかし筆算でやれば小学校中学年の問題でしょう。これは年配の方なら算用数字とかアラビア数字というのを聞いた覚えがあるかと思います。

$$\begin{array}{r} 1234 \\ \times\,5678 \\ \hline \end{array}$$

　これから、この書き方はアラブ起源というのは見当が付くと思いますが、どのような歴史的経過をたどって生まれたのでしょうか？　この記数法が可能になるには、ある数字の発見が重要でした。数字といいましたが、それは、それまでは数字ではなかったのですが。それは「0」です。千二百三十と千二百三と千二十三は、漢字で書けばこのように区別できますが、1, 2, 3という数字で表す場合、もし空位の桁を表す記号すなわち「0」がなければ、どちらも123となって区別が付きません。その桁がないことを、表す記号がないと位取り記数法は成り立たないわけです。そして、これは人類の考え方にとっても、大きな一歩だったわけです。「ないもの」は「ない」と考えるのが普通ですが、その「ないもの」を表す記号というのは、大きな "break through" だったわけです。二千年以上前のギリシャ時代には、すでに皆さんが中学校で習うような幾何学は出来上がっていました。いや、中学校で習ったのはそのほんの初歩に過ぎません。ユークリッドの 原論「Elements」が編纂され、ピタゴラスの定理や楕円、放物線、双曲線などの詳しい性質も分かっていま

した。しかし、ギリシャ時代には「0」は、存在しませんでした。空位を表す記号が発明されたのは、インドで、紀元前後、約2000年ほど前のことといわれています。しかし、それが、数字として認められ、使われるようになるまでには、さらに、1000年近い時間が掛かったのです。そののち、8世紀末にインドか

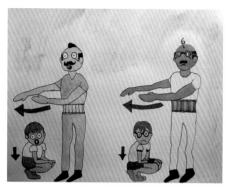

アルゴリズム体操

らイスラム世界のバクダッドに伝えられた「インド式の数字と計算術」を翻訳したのが、アル・フワーリズミーです。この本によって、ルネッサンス前のヨーロッパにはイスラム経由で「0及び位取り記数法」が入ってきたのです。ですから、1, 2, 3, 4……というような数字（算用数字）をアラビア数字というのです。そして、アル・フワーリズミーからきた言葉「アルゴリズム」が、問題を解くための一定の手続きという現在のコンピュータ用語にもなっているのです。アルゴリズム体操もこのイメージですね。ヨーロッパでは14世紀頃には算用数字を使った筆算での計算法の便利さを示すため、ローマ数字とアバカス（ヨーロッパ中世のソロバン・日本のものより性能は格段落ちる）を用いた計算との計算試合が、あちこちで行われましたが、だいたい筆算が勝ったようです。日本のソロバンとの勝負では、こうはいかなかったでしょうね。この「0と位取り記数法」を用いた筆算での計算法は急速に広がり、ルネッサンス前の商業の発展の要因にもなったという説もあります。現在使われている簿記（複式簿記）もこの時期、ベネツィアの数学者でもあったルカ・パチョーリによって完成されましたが、これにも、「位取り記数法」の普及が関係したようです。ルカ・パチョーリを顕彰した銅像の台座には「複式簿記の始祖を讃える 大原簿記学校」と日本語が刻まれています。

（R3.7.24）

11 i 実際には存在しない数

　オリンピックの開会式で"イマジン"が流れたと聞きました。前回の東京オリンピックの数年後に、ビートルズのジョン・レノンによって作られた曲で、ビートルズ世代には懐かしい曲です。"Imagine all the people Living in Peace ……"「すべての人が平和に生きている世界を想像してみなさい」現実には存在しない仮想の、理想の世界でした。ここで、数学でも現実には存在しない数の話をしてみましょう。夜間中の数学の範囲を超えますが、数楽通信の流儀で、完全に分からなくても、おもしろそうなことには、突っ込んでいってみましょう。それは二乗して負になる数です。負の数を習ったとき、マイナス×マイナスはプラスというのを、何度も強調された覚えがあるでしょう。そうすると二乗して負になる数は存在しないことになります。方程式 $x^2 = -1$ を解けと言われたら、高校一年では「解なし」と答えます。ところが数学 II になると、数の範囲を広げ、二乗して -1 となる数を考え、その数を i で表します。この数は、$\sqrt{-1}$　さっきの曲の Imagine から Imaginary number（想像上の数）と名付けられ、その頭文字 i で二乗して -1 となる数を表すこととしたのです。これは、日本語では虚数と訳されました。実際に存在する数、二乗すると正か 0 になる数は実数（Real number）です。実数と虚数を合わせてできる a + bi という形の数を実数と虚数のふたつの要素からできているということで複素数（Complex number）といいます。complex には、複雑という意味があり、また精神医学でのコンプレックスもこの complex です。このように数の範囲を広げることは、数学では拡張といって、よくやることです。負の数の導入もそうでした。それには理由があるはずです。こんな実際にはあるはずのない虚数をなぜ、数として考えるようになったかというと、その背後には三次方程式を解くために、格闘した歴史があるのです。今は、高校では三次方程式の解の公式は習いません。一つの解がたやすくみつかる特別な場合は教科書にありますが、どんな三次方程式でも解くためには、二次方程式と同じで解の公式が必要です。前回、複式簿記の祖として出てきたルカ

パ・チョリは数学者でもあり、今後、100年の間解けない数学の問題として、三次方程式の解法を挙げましたが、その後、数十年の間にイタリアで数学者たちが、三次方程式の解の公式を巡ってバトルを繰り広げ、解いてしまったのです。その発見された解の公式は、三つとも実数の解を持つ方程式でも、途中の計算で必ず虚数を扱わなければならなかったのです。そこで、虚数を導入し、理論を研究しなければならなくなったのですが、この理論は、思いがけない発展を遂げ、様々な分野でかけがえのないものとなりました。たとえば、現代の生活に電気、電子回路や電磁波の理論は複素数なしでは表せないのです。ここで、方程式の解を表すために、どんどん新しい数を考えていくときりがないのではないかと、心配する人がいるかもしれません。しかし、それは杞憂に終わりました。ガウスという数学史上、最高の天才といわれる数学者によって、何次方程式でも、すべての解は複素数の範囲に存在することが、証明されたのです。

　方程式の世界は複素数の範囲で完結するのです。また関数の世界でも、複素数まで考えた複素関数論では、実数だけでは考えられないような美しい理論が展開されます。さらに、進んだ多変数複素関数論という分野では、20世紀に"岡潔"という数学者が多大な貢献をし、世界に認められましたが、最近、彼のエッセイなど復刊され、読んだ方もおられるようです。(R3.7.31)

12 絶対と相対　正の数・負の数

　算数から数学、小学生から中学生になって、最初に戸惑いを感じたのは、負の数だったでしょう。温度の氷点下や、お金の赤字をマイナスで表すということを、聞いたことがあったので、前回の虚数ほどではなかったかもしれませんが、大きなギャップだったでしょう。

　歴史を見ても、三次方程式を解けるようになり、数式に文字が使用されるようになっても、ヨーロッパでは、求められた解のうち負のものは意味がないとして捨てていたのです。これは、古代地中海世界で3世紀頃に、ディオファントスが $4x + 20 = 0$（解は負となる）と同じ式（まだ文字を使った方程式はなかった）について、ばかげているといっていたことからも想像できます。一方、『塵劫記』の手本となった中国の『九章算術』には、負の数がかかわる連立方程式を解く方法が示されており、古代インドでは、負数は負債を表すために使われ、7世紀頃の書物では負符号を使い、負の数による計算を行っていたということです。マイナスの数も受け入れられるようになったのは、その意味づけができるようになってからです。それは、相対と絶対という言葉で表すことができます。例えば、個数については、負の個数のリンゴというものはあり得ません。これについては個数というのは絶対的なものということができます。一方、連続的な量については、ある基準を決め、それより多いか、少ないかと表す場合が多いのですが、これは相対的といえます。例えば、温度の摂氏温度は水の凍り始める温度を氷点、0℃、沸騰する温度を100℃とし、1℃は、それを百等分したものです。0℃より低い温度をマイナスで表し、氷点下とも表します。華氏温度というのは、氷点とどういうわけか、羊の体温を100°Fとしているということです。このように、基準の決め方によって負の数の値は変わるし、常識的ではないですが、高くなる方をマイナスと決めても数学的には、間違いとはいえないのです。ですから、負の数というのは相対的といえます。絶対温度というのもありますが、どこが絶対なのか興味のある方は、調べてみてください。ところで、正負が決

め方次第という、身近な例が電気です。電気のプラス・マイナスは、誰が決めたのでしょうか？　電流とは電子の流れですが、電子が負の電荷を持つために、電流の流れる方向と実際の電

ベンジャミン・フランクリン

子の流れる方向が逆になっています。このプラス・マイナスを決めたのは、アメリカ建国の父といわれるベンジャミン・フランクリンです。電子の存在が認められたのが、20世紀初頭ということですから、フランクリンを責めることはできません。たまたま、決めたことが二分の一の確率で間違ったということですが、今更変えるわけにもいかず、中学生・高校生にとっては、話がややこしくなって迷惑な話です。ちなみに、フランクリンは、雷の夜にたこを揚げ、雷が電気であることを確かめたわけですが、これは非常に危険なことで、多くの科学者や一般の人が、この真似をして亡くなっています。避雷針もフランクリンの発明です。このように、負の数・マイナスを正の数に対する相対的なものと捉えると、負の数を掛けるということは、正の向きに対して、逆の向きにするということで、マイナス×マイナスが二度向きを変えて、結局、元の向き、プラスと解釈することもできます。もともと、負の数は、人間が作り出した概念ですので、また様々な解釈もできますから、負の数を使って、方程式を解くときに紹介していきます。最後にフランクリンの言葉

「もし財布の中身を頭につぎこんだら、誰も盗むことはできない。知識への投資がいつの世でも最高の利子を生む」

　を紹介しておきます。

(R3.8.6)

13 13日の金曜日

　今日は13日の金曜日。この日は縁起が悪いと聞いたことがある人も多いかもしれません。その理由、そして実は13日は金曜日が一番多いのですが、そのことについても調べてみましょう。「イエス・キリストがゴルゴダの丘で磔刑にされたのが13日の金曜日とされ、キリスト教徒は忌むべき日であると考えている」という説がありますが、正しくありません。実はキリストは生年月日も、亡くなった年もはっきり分かっていないのです。今年は西暦2021年、西暦元年はキリストが生まれた年とされていますが、それもはっきりしていないのです。キリスト教では金曜日が受難の日とされているので、金曜日に磔となった可能性は高いのですが、13は「最後の晩餐」に同席していた十三使徒からのようです。こういった、いかにもそれらしい俗説は、鵜呑みにしないことが科学的・論理的な思考態度の第一歩でしょう。ところで、「13日は、金曜日が一番多い」というのは、現在使われている暦に関係していて、暦の作成と数学は密接に関係しているのです。人間は、農耕を始めた頃から暦（calender）が必要になってきました。いつ種をまき、どの時期にどう作物の手入れをしていくか。それには、太陽や星の動きを観測し、季節による変化を記録することが重要だったのです。支配階級は、その地位を維持するためには、農業についてのこのようなことを大衆に指示できることが必要だったかもしれません。

　ナイル川は毎年氾濫し、肥沃な土壌を運んできました。これがエジプトに豊かな実りをもたらしました。「エジプトはナイルの賜物」（ヘロドトス）。古代エジプト王朝の支配者は、夏至の頃、日の出の直前に地平線に昇る大犬座のシリウス（全天で最も明るい）を見て、洪水が起きることを察知していました。これにより、人々が王朝を崇め、絶対的な権力の基盤となったことでしょう。また、古代メソポタミアでは、すでに日食・月食の周期が分かっており、予測できたということです。王が日食を予言できれば、人々は王を神と思うことでしょう。（現在、時間に使われている60進法はメソポタミア起

源で、一年がおよそ360日ということから、という説があり、数学的には60は2でも3でも4でも5でも6でも割れるという利点もあります。）このように数千年の昔から、人々は星を観測し、正確な暦をつくるために努力し、改良を重ねてきました。しかし、一日（地球の自転）と一年（地球の公転）は、ぴったり整数倍ではないためどうしても暦には、ずれが生じます。暦と季節が一致しなくなるのです。そのために、閏年が必要になるのです。一年は、およそ三六五日と四分の一であるため、4年に一度、閏年を設け、その年を366日として調整しました。これでもまだ、誤差が出るため、100年に一度、閏年であるが、365日の平年を設けます。さらに微妙なずれを修正するため、400年に一度は閏年のままにしておきます。これは最近では1000年紀（millennium）の変わり目の西暦2000年でした。これが、現在多くの国で用いられている、16世紀に考えられたグレゴリオ暦です。この暦では、400年間の日数14万6097日はちょうど2万871週なので、400年で同じ曜日のパターンが繰り返されます。いまの暦は400年周期なのです。そして、この400年間では、13日は金曜日が最も多いのです。（多い年では年に3回13日の金曜日があります）日本の暦の作成については、数年前に、本屋大賞を受賞した『天地明察』に暦作りに打ち込む和算家が描かれています。

　和算とは、江戸時代の日本の数学で、和算家は驚くほど高度な問題を解いて、神社に算額として奉納していたのです。岡山県にもこのような算額が残されています。

（R3.8.13）

14 方程式とは
アルジャブル・アルムカーバラ

　方程式という言葉は、どこから来たのでしょうか？　数学以外で方程とい
う言葉を見かけたことはないでしょう。算数から数学になって、方程式をな
じめない難しいものだという感じを抱いた方も多いでしょう。英語では、イ
コール（equal）からくる equation と簡単で意味も分かりやすいのですが。

　この方程式という言葉は、前にも出てきた中国古代の算術書「九章算術」
（著者不明　紀元前1世紀頃成立）の第八章「方程」から、来ているようです。
ここでは、連立方程式（二つ以上の方程式を同時に成り立たせる答えを求め
る）を解く方法が記されています。算木というもので式の係数を表し、連立
ですから、それを正方形に並べ、加減乗除を行い、答えを求めます。しかし、
ひとつの方程式では、正方形になりません。次の話は、少し出所が怪しいと
ころがありますが、イメージか掴みやすいと思います。「昔、中国に方程師と
いう職業があったそうです。「程」は大きさ・量を、「方」は比べる、術を意
味しますから、天秤を使って、ものの重さを量るという職業です。なぜ、こ
れが職業として成立したかというと、何千年もの昔ですから、農業をやって
いる庶民は、秤を持っていませんが、支配者に年貢を納めなければなりませ
ん。年貢は穀物で納めますが、それは厳しいものだったでしょう。もし、納
めた年貢が少なかったら、ひどい目に遭ったでしょうし、それを恐れて、多
めに納めると、自分たちの食い扶持がなくなるかもしれません。ですから、こ
のような仕事が成立したと思ってください。この「方程師」の天秤のイメー
ジが方程式の語源という話です」さらに正確なことをご存じの方がおられた
ら、教えてください。さて、方程式を解くには、負の数の概念も、必要にな
りますが、この「九章算術」では負の数の概念を活用しています。ヨーロッ
パでは負の数は、なかなか受け入れられませんでしたが、中国、そしてイン
ドでは受け入れられていたようです。　そして、「位取り記数法」の所で、述
べたように「0」と共に、負の数、方程式の考え方はイスラム世界に伝わり、
そこで方程式の解き方としてまとめられたのが「アルジャブル・アルムカー

バラ」（移項と簡約の書）です。このアルジャブルがは移項を表し、英語の代数 "algebra" の語源となりました。項というの式を構成する要素です。a＋b, c－d＋eは、それぞれ項が2つ、3つです。abcは項は1つです。これは、足し算、引き算より掛け算、割り算の方が強く文字・数字を結び つけ（計算順も掛け算・割り算が先）、1つ

アルジャブル・アルムカーバラ

のものとみるため、項をこう数えるのです。当時は、まだ文字は使われておらず、言葉のみで説明してありましたが、移項を現代の式で表すと、次のようになります。（数式への文字使用は、15世紀、フランスのVietが初めて用いたとされています）

（1）$2x＋1＝x＋3$ これは天秤では 左の皿の$2x＋1$未知の数xが二つと1を加えたものと右の皿の$x＋3$未知の数xが一つと3を加えたものが釣り合っていることを表します。

　両方の皿から1を取り去っても、そのまま天秤は釣り合っています。（＝はそのまま）

（2）$2x＋1－1＝x＋3－1$ 左辺だけ計算すると（3）$2x＝x＋3－1$最初の式（1）から、この式（3）を見ると1の項が 左辺から右辺に移されて（移項）、符号が＋から－に変わっています。

　これを移項といいます。移項には、符号が大きく関係しますが、それは次回説明します。

（R3.8.20）

15 マイナス×マイナスが なぜプラスか

　一斉授業でマイナス×マイナスがプラスにについて"借金×借金"がプラスという説明が分からないという声を聞きました。これは、『赤と黒』で有名なフランスの文豪スタンダールが「マイナス×マイナス＝プラス」になることが納得できず、「借金×借金がどうして財産になるのか！」と自伝の中で書いていたことです。この説明では誰も納得できないでしょう。まず、これでは正の金額でもおかしなことになります。10円と10円をかけてみると、100円の二乗でしょうか？　いかにもありそうな例えには、だまされがちですが、落ち着いてよく考えることが必要です。量と量を掛けて、意味があるのは、長さぐらいでしょうか。これは、面積と意味づけができます。古代ギリシャの人々は、論理的で、演算にも、意味がなければならないと考えていました。それが、それ以降も影響し、0や負の数の導入に至らなかったのかもしれません。前に、述べた『九章算術』では、負の数の考えが使われていたというのは、中国では、論理的厳密性より、実用面が重視されたからでしょうか？ですから、マイナス×マイナスについて、前のマイナスと、あとのマイナスの意味づけを区別して考えなければならないでしょう。区別せずに、うまく説明できる考え方をご存じの方は、是非お知らせください。

　前のマイナスは、量についてのマイナス、ある量の基準となる0を決めたとき、それより大きいか、小さいかで正負が決まる量です。摂氏温度なら水が凍る氷点を0℃、目盛りを付けるために、水が沸騰する温度を100℃として、間を百等分して、1℃とします。0℃より低い温度はマイナスとしました。百等分は、昔は、水銀の体積膨張率を用いました。ですが、前に言ったように、これは相対的なもので、アメリカなどでは、華氏温度F°というのが一般的です。ヨーロッパの昔からの言い伝えで「人は、風邪をひくと羊さんになる」というのがありますが、華氏100F°は体温の高い動物と知られる羊と同じ温度で、これを基準にしたのです。そして、後ろのマイナスは、この向き、相対的な向きを逆にする働きと解釈するのです。数直線なら、0を中

心として、180°回転するわけです。

しかし、解釈というのは、視点で変わります。今勉強している方程式を解くためには、どう決めたら良いかという視点で見てみましょう。それは、次の式がカギです。

スタンダール『赤と黒』のイラスト

a×（b＋c）＝a×b＋a×cこれは文字式の約束では×を省略しa（b＋c）＝ab＋acと書きます。文字式の計算での（　）の重要性を表しています。（　）を省略したり、粗雑に扱う人は、よくミスをします。そういう人は「かっこわるい」といわれます。

話を戻して、a（b＋c）＝ab＋acが、マイナスの数についても成り立たないと、方程式は、答えが正か負か解く前には、分かりませんから困ります。いつでも、どんな数をa, b, cに入れても（代入）、成り立たなければ成りません。「どんな数でも」というのは、数学では「任意の数」といいます。a＝－1、b＝1、c＝－1として、左側（左辺）と右側（右辺）を、それぞれ計算してみてください。左辺＝（－1）（1＋（－1））。（　）の中を先に計算すると0。0には何を掛けても0ですから、左辺＝0。右辺は（－1）×1＋（－1）×（－1）。1は何に掛けても変わりませんから右辺は－1＋（－1）×（－1）。これが等しくなるはずですから、

0＝－1＋（－1）（－1）。ここで両辺に1を加えると、1＝（－1）（－1）。1は正の数ですからマイナス×マイナスをプラスと決めなければなりません。

（R3.8.27）

16 澪標 みおつくし

　テレビを見ていると「科捜研の女」シリーズの主演女優、沢口靖子が、デビュー作、朝のNHK連続ドラマ「澪つくし」の話をしていました。もう30年以上前ですが、当時視聴率50パーセントを超えていたという話です。ところで、「澪つくし」の本来の意味は何なのでしょうか？

　百人一首には次の２首があり、源氏物語（光の君へ）の巻名にもなっています。

　　わびぬれば　いまはたおなじ　難波なる　みをつくしても　あはむとぞおもふ
　　難波江の　芦のかりねのひとよゆゑ　みをつくしてや　恋ひわたるべき

　次の二つの歌は作者不詳ですが、万葉集にある歌です。

　　みをつくし　心尽くして　思へかもここにも　もとな　夢にし見ゆる
　　とほつあふみ　いなさほそその　みをつくし　あれをたのめて　あさましものを

「みをつくし」は掛詞です。「掛」は掛け算の掛けです。掛け算は英語ではmultiplication、「掛ける」に相当する単語はmultiple。マルチタレント、マルチ商法のマルチです。英語も日本語も掛けるという言葉はたくさん、どんどん増えるという意味をイメージしているようです。ですから「掛詞」は複数の意味を持つ言葉ということではないかと私は勝手に推測しています。それはさておき、「みをつくし」の複数の意味とは「身を尽くす」と「澪標」です。「澪標」とは船のための海上の航路標識です。難波江、今の大阪湾にも設置されていました。現在の大阪市の市章になっていて、地下鉄や市営バスのマークにも使われていて、大阪のシンボルマークです。「澪標」の「澪」は船の航

行可能な水深のある場所を指し、「標」は「しるし」です。「澪標」は航路を示すために水中に立てた木の杭で、それは波に洗われて細くなっていくので、身を尽くして航路を示すというシンボルなのです。ここで、「標」に注目してください。数学では、「標」がつく言葉といえば「座標」ですね。「座」の方は星座・上座というように場所・位置を表します。「銀座」というのは元々、銀貨

澪標　みおつくし

の鋳造を行った場所です。「座標」というのは位置を表すためにデカルトが考え出したものです。

　デカルトは近代哲学の父といわれ、その思想は合理主義といわれ、「我思う。ゆえに我あり」という言葉も「困難は分割せよ」も彼の言葉です。彼は、ある朝、天井を這っている蠅を見て、縦・横2本の数直線を用いれば、それぞれ縦・横の目盛を示す2個の数字の組でその位置を表すことができると、座標を思いついたそうです。この最初にデカルトが考えた2本の直交する数直線、x軸とy軸で表される座標は、デカルトにちなんでCartesian coordinate カルテシアンコーディネイトと呼ばれています。coordinateが座標で、coはコサインのコや協同組合コープのコと同じで、「合わせる。協力する」という意味です。ordinateはorderからきていて、orderは注文のオーダーと同じで、もともと順序という意味を持っていますし、数直線は直線上に数を大小の順にならべたものですからcoordinateは2本の数直線を垂直に合わせて、点の位置を表すということになります。そして、これはファッションでは「コーディネイト」です。コーディネイトも座標と語源は同じなのですね。デカルトの座標のおかげで、点を数字の組（x, y）、図形を方程式y＝f（x）と表し、計算で図形の問題を解くことができるようになったのです。さらに、ニュートンのフックに宛てた手紙の中の言葉：If I have seen further, it is by standing on the sholders of Giants. からも分かるように、ニュートンとライプニッツが創り上げた、運動を記述する「微分積分学」の発達の基礎・土台となっていくわけです。

（R3.9.4）

17 ペンタゴンと黄金比

　先日は９．１１の同時多発テロから10年で、当時、ワールドトレードセンターだけでなく、アメリカ国防総省の建物も被害を受けたことを思い出した人も多いでしょう。国防総省の建物の愛称はペンタゴン。これは五角形を表します。今回は、単位や化学などで、よく使われるギリシャ語の数詞と五角形にまつわる、比「黄金比」について話をします。ペンタゴンの "ペンタ" はギリシャ語の数詞では５を表します。１から10までは、モノ、ジ、トリ、テトラ、ペンタ、ヘキサ、ヘプタ、オクタ、ノナ、デカ。それより上の100, 1000, 1000000, 1000000000, 1000000000000はデカ、ヘクト、キロ、メガ、ギガ、テラ。そう実はメートル法の単位は、ギリシャ語から来ていたのです。（第７号参照）モノはモノトーンは単調、モノクロは白黒、線路が１本はモノレール。モノポリーは独り占めといろいろありますね。２のジはディ、ドとも書かれ、ジレンマという言葉があります。これは、正確にはジ・レンマでレンマ（選択肢が二つあって、どちらを取っても、よくならないという状態です。）化学ではジエチルなど化学結合の数を表します。トリも化学でよく見かけ、トリプル、トライアングル、トリケラトプスなども３を示します。４は防波堤のテトラポッド、牛乳パックのテトラパック。いよいよ５が五角形のペンタゴン、六角形は昔のクイズ番組にありましたヘキサゴンでしたね。ヘプタ、オクタ、ノナは、実は月の名前に残っています。９月が英語でセプテンバー、10月がオクトーバー、11月がノーベンバー、12月がディッセンバーでヘプタ、オクタ、ノナ、デカと比べて気づきませんか？　昔の暦、旧暦は２ヶ月ずれていたのです。オクトパス（タコ）は足が８本でしたからね。

　数詞は、これくらいにして、次は正五角形からできる形の話です。ペンタグラムという図形があります。これは正五角形の頂点を、次のように結んだ図形で、「五芒星」といわれ、星が瞬いている様ですね。紀元前3000年頃のメソポタミアのシュメール人はこれを用いその後のバビロニアでは、図形の頂点に、木星・水星・火星・土星、金星を対応させました。ヨーロッパ中世

では、悪魔を呼び出すといわれる魔法陣に、この図形が使われています。東洋の陰陽道では陰陽五行説を表し、五芒星はあらゆる魔除けの呪符（タリスマン）として伝えられ、平安時代の陰陽師、安倍晴明の桔梗(ききょう)印は、この形です。この辺

ペンタゴン（アメリカ国防総省）

の長さには秘密が隠されています。ペンタグラムの一番長い辺、それから五つある三角形の長い辺、三角形の短い辺をそれぞれ、x, y, z とすると（文字にも慣れていきましょう）、これらの比　x:y, y:z（:比を表す記号）は　同じ値で、1 :1.618033989……という値になります。……は　$\sqrt{}$（ルート）（第 2 号参照）を用いな

ペンタグラム

いと、正確には表せません。この“1.618033989……”という値が西洋では、最も比が美しいとされ、“黄金比”と呼ばれ、ギリシャ時代の様々な建築・彫刻・絵画に用いられました。（日本人の感性は微妙に違うらしいという意見もあります）　この比は、ルネッサンス以降、再び脚光を浴び、レオナルド・ダ・ビンチなど多くの画家に用いられました。名刺の縦・横の比も“黄金比”です。

　詳しい数学的説明、$\sqrt{}$や比や方程式などは、次回をお楽しみに。

（R3.9.17）

18　黄金比Ⅱ

　前回に引き続き、黄金比・ペンタグラムの話ですが「岡山夜間中の授業再開記念」で、図・イラストを多くしました。ペンタグラムはピタゴラスの思想を中心にB.C 5世紀頃にイタリアのクロトンで数学・音楽・哲学を研究していたピタゴラス教団のシンボルマークでした。数学の多くの分野で土台となっているピタゴラスの定理（三平方の定理）も、ピタゴラス一人の発見ではなく、ピタゴラス教団の共同の成果といわれています。このペンタグラムの線分の比に、前回述べた黄金比という値が出てきます。これは西洋では縦横の比が最も美しいといわれている値で、英語では「Golden Ratio」と呼ばれて、φ（ファイ）で表されます。これは約1.618034……（正確には無理数で√記号を用いなければ表せません）縦横がこの比の長方形は「それから短い辺を一辺とする正方形を切り取とると、残った長方形が元の長方形と相似」という性質が成り立ちます。　長い辺をxとして二次方程式をたてると、$x^2 - x - 1 = 0$　となり、その正の解が黄金比 1.618034……となっています。下のようにいろいろなデザインに西洋ではギリシャ古代から、不思議なことに自然界でも、至る所に見られます。

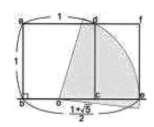

　上の図を参考に方程式 $x^2 - x - 1 = 0$ を立ててみましょう。

Leonardo da Vinci - Mona Lisa

Dan・Brown "The Da Vinci Code" にも (P100 一部抜粋)

The truly mind-boggling aspect of PHI was its role as a fundamental bulding brock of nature. Plants, animals, and even humanbeings all possessed dimentional properties that adhered with eerie exactitude to the ratio of PHI to 1.

(R3.10.2)

19 真鍋先生ノーベル賞受賞記念号

　ノーベル賞が発表されました。物理学賞を「気候変動」を研究テーマとされてきた真鍋淑郎先生が受賞されました。

　気象は毎日の晴れとか雨、気候は、ある地域での一年間の気象のパターンといえます。気象や気候は、複雑すぎて精密な自然科学である物理学の範疇では捉えきれないと見なされてきましたから、今回の受賞は多くの科学者の驚きでした。真鍋先生が研究を始められた頃は、気象予報の的中率は約70%、下駄を投げて雨か晴れか占っても的中率50%と思えば、あまり良いとはいえません。現在では86%ということです。ニュートンが物理的な運動の法則を打ち立て、方程式を解けば、原理的に物体の動きを計算・予測できることを示し、科学万能といわれる時代の扉を開けたのは、この数楽通信でも述べてきました。力学的世界像・時計仕掛けの世界というイメージです。その考えを推し進めたフランスのラプラスは、「ラプラスの悪魔」という存在を考えました。人間より遥かに、能力の高い知性が存在すれば、すべての現象の未来を計算によって知ることができるというわけです。この主題で映画化された東野圭吾の小説が「ラプラスの魔女」でした。しかし、ニュートンの手法は、二つの物体の間ではほぼ完璧ですが、対象が三つになると近似的にしか解けません。ましてや、気象のように、ほぼ無限といっていい要素が対象の場合、厳密に方程式（ほぼ無限個の）を立て解くことは不可能です。そして、1970年代頃から、コンピュータの発展に伴い、カオス理論というものが現れてきました。映画「ジュラシックパーク」には、カオス理論の研究者マルコム博士が登場します。カオス理論では、簡単な方程式でも、最初の少しの条件の違いで、後に全く違った状態になるということがあることが分かってきました。蝶の羽ばたきが、地球の裏側では、大きな気象の変化にもなり得るということで、バタフライ効果という言葉が、この映画でもマルコム博士の台詞に出てきます。

　CO_2二酸化炭素には温室効果があるので増えれば、気温が上がるのは当た

り前でないかと思われる方も
おられると思いますが、実は
一番温室効果が大きいのは水
蒸気です。CO_2の影響は、そ
の四分の一程度しかないそう
ですが、それがどのように影
響し合うのか？

真鍋先生の素晴らしいとこ
ろは、このように原理的に予
測・計算不可能である気象・

真鍋先生ノーベル賞

気候の変動に対して、自然を深く観察し、本質的でない枝葉を切り捨て、計
算可能なモデルを作り上げたことだと思います。現在のスーパーコンピュー
タを活用しても、鋭い洞察がなければ、有効な結果は得られません。私たち
も、レベルは違いますが、勉強に取り組む姿勢は同じでなければならないと
思います。しっかり、学ぼうとする事柄を、よく見て、考え、何が本質か、大
切か、末節にとらわれずシンプルに捉えていく。数学でも、勉強しているこ
とが当たり前（数学では自明）と思えるようになれば、理解の第一段階は、超
えられたといいます。（しかし、この自明というのがくせ者という気もしてい
ますが……ブツブツ）

さて、ここから連絡「岡山自主夜間中では来年2月19日（土）数学検定を
実施します。そして、受験者の方に、合格して頂くために、一斉授業で合格
対策コースを実施します。それは受験対策のドリルではなく、黄金比を求め
ていくというテーマで進めていきます。そのなかに数学検定に必要な要素は、
すべて含まれます。"Golden Ratio Quest"と題して、実施しますので、数学検
定を受けられない方でも参加してください」

（R3.10.8）

20 ナイチンゲールは統計学者だった

　今回は、夜間中からこの４月、看護学校へ合格したＴさんが先日戴帽式を看護学校で行ったということですので、それにちなんでナイチンゲールの話です。名前は聞いたことはあるでしょう。しかし、詳しいことは案外知っていないと思います。彼女は、医療に統計を導入した人なのです。統計というと数学とは、違うような感じを抱いている人も多いと思います。私の学生時代には、統計は数学ではないという高校の先生も結構いました。普通の数学の問題のように答えが一つに決まるという感じがしないからかもしれません。統計は、データの見方によって、使う手法もいろいろ違い、使われる用語も様々で、どの数値で特徴を表すかも違ってきます。それらを代表値といいます。

　ナイチンゲールは、裕福で教育熱心な家庭に生まれ、優秀な家庭教師による教育を受けました。（フランス語・ギリシャ語・イタリア語・ラテン語・ギリシア哲学・数学・天文学・経済学・歴史・心理学、詩や小説などの文学。）しかし、貧しい農民の悲惨な生活を目の当たりにするうちに、徐々に人々に奉仕する仕事に就きたいと考えるようになり、看護婦（現在では看護師ですが、ここでは当時の用語とします）を志します。イギリス各地の病院の状況を調べ、専門的教育を施した看護婦の必要性を訴えます。当時は看護婦は病院で病人の世話をする単なる召し使いと見られ、専門知識の必要がない職業と考えられていた時代でした。そして1854年クリミア戦争が勃発し、前線における負傷兵の扱いが悲惨な状況となっていることが伝えられるようになると、ナイチンゲールは自ら看護隊を組織し、戦地に赴きます。彼女は病院での死者は大多数が傷ではなく、病院内の不衛生（蔓延する感染症）によるものであることを統計調査から見抜き、無理解な軍部を統計データを駆使して説得し、衛生状態の改善に努めました。軍部と、この当時激しく論争したという話も伝わっています。当時、軍とやり合うというのは、男性でも、むしろ男性では、決してそんなことはできなかったでしょう。ナイチンゲールは、

実行力のある、元祖「鉄の女」だったのです。その結果、着任直後2月に約42%まで上がっていた死亡率は4月に14.5%、5月に5％になりました。このためイギリスではナイチンゲールは統計学の先駆者とされ、1859年にはイギリス王立統計学会の初の女性メンバーに選ばれ、後にはアメリカ統計学会の名誉メンバーにも選ばれました。また、その夜回りを欠かさなかった働きぶりから彼女は「クリミアの天使」、「ランプの貴婦人」とも呼ばれました。看護師を「白衣の天使」と呼ぶのは、ナイチンゲールに由来します。赤十字の創立者アンリ・デュナンはナイチンゲールの活動を高く評価し、赤十字委員会は「偉大な勇気をもって献身的な活躍をした者や、公衆衛生や看護教育の分野で顕著な貢献を果たした看護師」に対してナイチンゲール記念章を贈るようになりました。また、多くの看護学校では、

ナイチンゲール切手

ナイチンゲールが考案した
「鶏のとさか」と呼ばれる円グラフ

「戴帽式」でナイチンゲール像からロウソクの火をもらい「ナイチンゲール誓詞」を誓いの言葉として唱えます。

（R3.10.16）

21 プリンプトン322
古代史の数学ミステリーその I

　一斉授業「Golden Ratio Quest 第一回」の角度の話で、メソポタミアが360°や時間の60進法の発祥の地であることを紹介しました。現在のイラクのチグリス河とユーフラテス河に挟まれた肥沃な地域で、メソポタミア文明は古代四大文明の一つです。（メソポタミアは「二つの河の間」を意味します。）今は乾燥した砂漠地帯ですが、当時は二つの川の水量も多く、毎年激しい洪水が起き、エジプトと同じく洪水が肥沃な土地をもたらし、紀元前4000年頃には小麦の栽培も、この地域で始まったとされています。その中心都市バビロンの名は「旧約聖書」などで有名で、古代ギリシャ人はこの地をバビロニアと呼んでいました。メソポタミア文明は南部のシュメール人により発達しますが、その来歴が不明なため、インターネットでは、シュメール人＝宇宙人説なども見受けられます。そして、この文明は数学史でも、重要な役割を果たします。それは、当時の記録が粘土板（tablet）に楔形文字で記録され、焼き固められたおかげで、現代まで残り、何百もの数学についての粘土板を見ることができるからです。同じ古代文明のエジプトでは、葦で作ったパピルスに書かれたため、残っているのは、ごく少数です。ここで紹介するのは、その中で最も有名なのはプリンプトン322（Plimpton 322）です。これはアメリカ・コロンビア大学のプリンプトン氏収集の粘土板の第322番目という意味です。この粘土板は紀元前1800年頃（当時「目には目を」で名高いハムラビ法典の編纂された）に書かれたものとされ、4列15行の表にその時代の楔形文字で数字が記されています。

（1:）59:00:15	1:59	2:49	1
（1:）56:56:58:14:50:06:15	56:07	1:20:25	2
（1:）55:07:41:15:33:45	1:16:41	1:50:49	3
（1:）53:10:29:32:52:16	3:31:49	5:09:01	4 ……以下略

　この粘土板の内容を解読していきましょう。古代メソポタミアでは、計算もすべて時間と同じ六十進法で行われていたから電卓は必須です。1行目を

見ると 1 :59は 1 分59秒と同じで、これは秒にすると 1 ×60＋59＝119

2 :49は 2 分49秒と同じで、これは秒にすると 2 ×60＋49＝169　実は、この粘土板は、ここから、もう一つの数字を計算で導けるのです。まず、簡単な計算、足し算、引き算、

Plimpton_322

掛け算、割り算では見つかりません。次は、中学校で出てくる掛け算の親玉のような 2 乗です。自分自身と掛けるので自乗とも書きます。自乗－自乗を計算してみると、

$169^2 - 119^2 = 14400$　$144 = 12^2$　ですから　$169^2 - 119^2 = 14400$　$169^2 - 119^2 = 120^2$　これは　1192＋1202＝1692　なんと三平方の定理（ピタゴラスの定理）の成り立つ三つの数の組で、これをピタゴラス数といい、直角三角形の三辺を表しているのです。 2 行目はかなり大きな数で、56:07　は56×60＋07＝3367、 1 :20:25　は $1 \times 60^2 + 20 \times 60 + 25 = 4825$　しかし、もう 2 乗－ 2 乗と分かっていますから、電卓で $4825^2 - 3367^2$ を求めると11943936　これも電卓で正の平方根を求めると3456で　$4825^2 = 3367^2 + 3456^2$　 3 行目はもっと大きいですが（4601, 4800, 6649）。 4 行目に至っては（12709, 13500, 18541）です。

4000年も前に、こんな大きなピタゴラス数が知られていたというのは驚きですが、この話はこれで終わりではありません。（To be continued 次回に続く）

（R3.10.30）

22 プリンプトン322
古代史の数学ミステリーそのⅡ　三角比との関係

　前回、プリンプトン322には、ピタゴラス数が隠されているという話をしました。話は、また逸れますが粘土板が英語でclay tablet と綴りますから、現在のビジネス・授業の必需品タブレットは小さいテーブルですね。clay はテニスのクレーコートのクレイ、粘土ですね。さて、同じ古代文明のエジプトに目を向けてみましょう。エジプトも毎年、ナイル川の洪水に見舞われたことは、以前にも述べましたが、ナイル川の洪水はじわじわと、一方、メソポタミアの洪水はかなり激しかったらしく、「ノアの方舟」の伝説も、この地方の伝承といわれています。エジプトでは、洪水後の土地を元通りに再区画するため、測量技術が発達しました。測量技術は数学では図形分野、これを幾何学といいます。幾何は訓読みは「いくばく」で、辞書には「数量・程度の不明・不定なことをいう語。どれほど」とあります。ここでは、面積を"どれほどか"と測定しているわけで、まさに幾何学の起源です。そして、縄を使って測定したので、この測量の専門家を「縄張り師」といったことが「縄張り」という言葉の語源だそうです。そして、エジプトといえば、ピラミッド「古代世界の七不思議」の一つ。重機も何もない、数千年前にどうやってあんな巨大建築物を人手だけで作ったのか？　巨大な石を、あのように一定の角度に、整然と積み上げるためには、三角形の角度と、辺の比を計算する必要があります。ピラミッドはどれも斜面が水平と50°から54°の角度をなしています。数学で直角三角形の辺と比の関係は三角比といいますが、そのピラミッドの建設にも使われたのではないでしょうか？　三角比は、記号ではsin（サイン）、cos（コサイン）、tan（タンジェント）で、昭和の昔に流行した「受験生ブルース」では"サイン、コサイン何になる"と歌われたほど、これで高校時代に苦労した方も多いと思います。ピラミッドにはタンジェントが使われたらしいということです。ここで、話を戻しましょう。プリンプトン322に記されている二つの数字が、三平方の定理を満たすなら、それは直角三角形の三辺の長さに対応するわけで、直角三角形の斜辺と高さに対応す

るとすれば、それはsinにな
ります（斜辺と底辺ならcos
です）。ここも電卓を使え
ば三角比の表を引かなくて
も、その比すなわちsinに対
応する角度を求めることが
できます。ここで　紙面の
都合で割り算　a÷b　を　a/b
と書きます。これにも慣れ
てください。

ピラミッドの戦い

　1 :59＝119　　2 :49＝169

　119/169＝0.7041　sinA＝0.7041となる角度Aは　A＝44.8°

　56:07＝3367　　1 :20:25＝4825　　3367/4825＝0.7041　sinA＝0.6978となる
角度Aは　A＝44.2°

　1 :16:41＝4601　1 :50:49＝6649　4601/6649＝0.6920　sinA＝0.6920とな
る角度Aは　A＝43.8°

　3 :31:49＝12709　5 : 9 : 1 ＝6649　12709/18541＝0.6920　sinA＝0.6855
となる角度Aは　A＝43.3°

　以下、合わない行もありますが、教科書の三角比sinの表といっても良いよ
うな角度に辺の比が対応した表になっているのです。本当に4000年も前、日
本では縄文時代にこんなものが存在したとは、シュメール人宇宙人説が出て
くるのも不思議ではありませんね。

　しかし、この話には、まだ続きがあります。（ To be concluded ）

（R3.11.6）

23 プリンプトン322
古代史の数学ミステリーその Ⅲ　最後のどんでん返し

　前二回では、プリンプトン322には、驚くべき古代の数学知識が隠されていたことを述べました。これに対して、全く違う説を唱えたのがメソポタミア古代史研究家のエレノア・ロブソンです。彼女の説を理解するには、中学・高校での最も初歩的で、最も重要な展開・因数分解の公式　$(x+y)^2=x^2+2xy+y^2$ の理解が必要です。いや、逆にこの公式をしっかり理解してもらうために、この回を書いていると言っても良いでしょう。それを理解できれば、後は電卓の活用です。

　$(x+y)^2$は　$(x+y)(x+y)$ ですから「マイナス×マイナス」で話した分配法則で展開（（　）をはずすこと）ができます。文字式の展開を習い始めの中学生がよくやる $(x+y)^2=x^2+y^2$ は間違いということは、しっかり頭に入れてください。

　前の（　）をひとかたまりとみて　$(x+y)x+(x+y)y$　それから後ろから掛けて　$xx+yx+xy+yy$　xx は x^2　yy は y^2　yx は xy とおなじで　$x^2+xy+xy+y^2$　$xy+xy$ は $2xy$ ですから　$(x+y)^2=x^2+2xy+y^2$ です。

　右のように　一辺　$x+y$ の正方形の図にすれば $2xy$ が必要なイメージがつかみやすいでしょう。

　そして　$(x-y)^2=x^2-2xy+y^2$

　ここで、もう一手加えます。それは逆数を掛けて１となる数です。

	x	y
x	x^2	xy
y	xy	y^2

　$2\times\dfrac{1}{2}=1$ ですから　２の逆数は $\dfrac{1}{2}$ です。同様に３の逆数は $\dfrac{1}{3}$

xの逆数は $\dfrac{1}{x}$　これで $(x+\dfrac{1}{x})^2$ と $(x-\dfrac{1}{x})^2$　を考えます。

$$x \times \frac{1}{x} = 1 \text{ から } (x + \frac{1}{x})^2 = x^2 + 2x \cdot \frac{1}{x} + (\frac{1}{x})^2 = x^2 + 2 + (\frac{1}{x})^2 \cdots ①$$

$$(x - \frac{1}{x})^2 = x^2 - 2x \cdot \frac{1}{\quad} + (\frac{1}{x})^2 = x^2 - 2 + (\frac{1}{x})^2 \cdots ②$$

ですから①－②をつくると 4 で 4 ＝ 2² ですから

$$(x + \frac{1}{x})^2 - (x - \frac{1}{x})^2 = 2^2 \quad \text{移項すると} \quad (x + \frac{1}{x})^2 = (x - \frac{1}{x})^2 + 2^2$$

と三平方の定理（ピタゴラスの定理）の形になりました。

勘の良い方は、後は代入と気づいたかもしれません。

x に適当な数を代入（文字に数を入れること）して、両辺に分母のを掛ければ三平方の定理を満たす三つの数の組（ピタゴリアン・トリプル）が得られるはずです。

まず x ＝ 1 では $x - \frac{1}{x}$ が $1 - \frac{1}{1} = 1 - 1 = 0$ になってしまうので

x ＝ 2 を代入してみましょう。（24へ続く）

（R3.11.13）

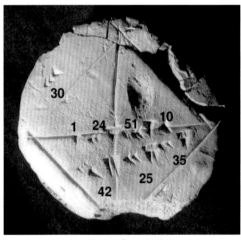

エレノア・ロブソンに代えて

24 プリンプトン322
古代史の数学ミステリーそのⅣ

　これぐらいは　手計算でやってもいいですが、分数の計算に不安がある人は、電卓を使っても良いでしょう。分数でよく間違うのは、計算ルールが間違って頭に入っている場合が多いのです。電卓を使っていくうちに、正しい分数計算のやり方も頭に入ります。皆さんもご存じのように、このたび、北野生涯教育振興会様から頂いた教育研究助成金で、分数計算のできる電卓が購入できました。小数⇔分数　帯分数⇔仮分数　の変換や、約分、余りを出す割り算など初等的な計算は、すべてできます。

　ここは、多くの例で、　プリンプトン322の秘密を探るのが目的ですからどんどん活用しましょう。その過程で、数学的な事柄の理解も深まります。

　　x＝ 2 を代入すると $2+\dfrac{1}{2}=\dfrac{5}{2}$ ， $2-\dfrac{1}{2}=\dfrac{3}{2}$

　　$(\dfrac{5}{2})^2=(\dfrac{3}{2})^2+4$　両辺に $2^2=4$　をかけると　$5^2=3^2+4^2$

となじみのある　$(5, 4, 3)$ が出てきました。

　それでは、表の大きなピタゴラスの組は、どうやって出てきたのでしょうか？

　その鍵は六十進数のようです。最初の　1:59＝119　2:49＝169 を例にとると60より小さい桁の59 と49を見ると　60と共通な約数を持っていません。

　$169^2-119^2=14400=4\times3600$　で　$3600=60^2$ ですから　60^2 で両辺を割ると

　　$(\dfrac{169}{60})^2=(\dfrac{119}{60})^2+2^2$ で $2=\dfrac{120}{60}$ ですから

　　$(\dfrac{169}{60})^2=(\dfrac{119}{60})^2+(\dfrac{120}{60})^2$　$(169, 119, 120)$ が出てきます。

　　x としては $(\dfrac{169}{60}+\dfrac{119}{60})\div2=\dfrac{12}{5}$　をとったことになります。

後の数も、電卓を使えば、時間と忍耐さえあれば、見つけられます。

　これらのことから、エレノア・ロブソン は、プリンプトン322は、宮廷の書記官（現代の高級官僚に相当）の養成のための60進数の計算練習問題だと結論しました。

　プリンプトン322と同時代の粘土板に、そのような練習問題があり、一方、三角比やピタゴラスの定理に関する粘土板は、現在のところ見つかっていないという状況証拠もあります。彼女はこの説で、2003年度のアメリカの数学協会のスター・R・フォード賞を受賞しました。しかし、4000年も前の本当のところは、誰も分かりません。

　「羅生門」のようなものでしょうか？　羅生門は、日本映画が初めて、国際グランプリ（ベネチア映画祭金獅子賞）を獲得した昭和の名作で、監督の黒澤明は、ジョージ・ルーカスやスティーブン・スティルバーグほか、多くの海外の監督が手本にしたという映画史に残る名監督です。いつか見てみるのも、いいかもしれません。

　私としては、最初の数学史家オットー・ノイゲバウアーの、4000年前に三角比の表が存在したという方が、ロマンがあって惹かれるのですが？

　しかし、これはシュメール人宇宙人説と同じといわれるかもしれませんね。

（R3.11.20）

25 岡山自主夜間中では ICT・アクティブ・ラーニング

　先日、紹介しましたが、この度、東京の北野生涯教育振興会様から教育研究助成金を頂きました。ありがとうございました。感謝・感謝・感謝です。

　その助成で、分数計算など初等的な計算がすべてできる電卓を購入することができました。

　授業で活用し、また希望する皆さんには、お貸しして、算数・数学を学び、活用していくために必要な基礎的計算力を身につけて頂きたいと思います。ちかごろ、ICTの活用ということがよくいわれますが、映像として見せるだけ、繰り返しドリルができるだけという気もしています。同じように、アクティブ・ラーニングについても、おたがいに話をするだけというきらいもあります。数学は、長い年月を掛けて、完璧で高度な体系が築き上げられてきていますので、それをそのまま教え込むというのが、これまでの教育で、効率的ではあるのですが、その意味を理解できている人は少数です。先日、講演に来られた前文科省次官の前川喜平氏も、高校のレベルで数学を理解できているのは、半分以下といわれていました。それでは、分かったという実感を持ちながら学習していくにはどうすれば良いか？　これに答える一つの方法がICT機器としての電卓の活用と考えています。どのように活用していくか、実感して頂けるような授業内容を工夫していきますので、是非、授業に参加し、体験してみてください。電卓を活用して、真のアクティブ・ラーニングをやってみましょう。そこで、今回の基本計算向けの電卓の使い方・機能を紹介していきます。

　右頁がTI-15という今回導入した電卓の操作面です。下段中央・右端には電卓の見慣れたキーが並んでいます。が、その他、特に黒い所とその隣は見慣れないキーです。これらが分数に関するキーです。

　$\boxed{\underline{\mathrm{n}}}$　が分子から分数を入力するキー

$\boxed{\bar{\mathrm{d}}}$ が分母から分数を入力するキーです。

　なぜ二通りの入力の仕方があるかというと、数楽通信第二号「May the forth……」で少し触れましたが、英語では分数は分子→分母の順に読むのです。一方、日本では分母→分子ですね。ですから、どちらにも対応できるよう二つキーがあるのです。Unit は単位ということも、「1 から始める分数」で話しましたね。

$\boxed{\text{Unit}}$ は帯分数の整数部分の入力キーで、

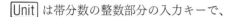 は帯分数⇔仮分数の変換キー。

$\boxed{\text{Simp}}$ は simple（シンプル）の略ですから見当が付きそうですね。そう約分です。

$\boxed{\text{Fac}}$ は factor（ファクター）要素から数学では約数。最近ではコロナのX-factor などと使われています。約分の際の約数が、このキーで分かります。

$\boxed{\text{Int}\div}$ は Integer が整数で、割った商を整数とし、余りを出す割り算です。時間→分→秒の変換は、このキーでできます。

$\boxed{\text{F}\leftrightarrow\text{D}}$ は分数が Fraction、小数が Decimal ですので、分数⇔小数の変換キーです。これで、分数の計算は OK。自分で問題を考え、練習して、分数をマスターしましょう。

(R3.12.4)

26 フラクタル
（分数はフラクション Fraction）

電卓の使い方で、分数キーの F は Fraction（分数）の F、Fraction はもともとかけら破片、断片、小部分から分数を表すようになり、そしてコンピュータの高速化に伴い、フラクタルという数学の分野が注目されるようになったという話をしました。フラクタルのつづりは fractal, fraction に関係していることは分かりま

フラクタル

す。これは、図形に関係していて、数学的に難しげにいうと「自己同形写像」、分かりやすく大雑把にいうと、いくら小さい部分 fraction を取り出してみても全体と同じ形をしているような図形のことです。身の回りにあるフラクタルと見なせるような例として、ロマネスコ（ブロッコリーとカリフラワーの交配種）、リアス式海岸（NHK朝ドラ「あまちゃん」で有名になった東北の三陸海岸が代表的）などがよく挙げられます。瀬戸内海の海岸は、なめらかでフラクタルではありません。大河の支流、積乱雲、大木の枝分かれの仕方、シダの葉、人体でも、肺の毛細血管、腸壁の襞など実に多くの例が見られます。

数学の世界では1990年代頃からコンピュータの発達で、フラクタル図形が容易に作られるようになり、研究が進んでいきました。右の図はフラクタルやカオス（数楽通信第19号）の研究を始めた数学者マンデルブローにちなみマンデルブロー図形と呼ばれ、これらの図形を作るには（第11号）でも紹介した虚数・複素数（実数＋虚数）が活躍します。

上の図形は z を複素数として $z^2 + c$ という計算の反復で作れます。

フラクタルに関連して万華鏡の話もしてみましょう。

　万華鏡はブリュースターという科学者が19世紀の初め、偏光の実験の途中で発明したそうです。英語ではカレイドスコープ（kaleido scope）といいます。「kaleido」は、古代ギリシャ語の「kal」（美しい）と「eidos」（形）からつくった造語だそうです。

　万華鏡の美しさも、フラクタル的なもので、引き込まれるような魅力があります。

　昔からある、合わせ鏡をして像を無限に造ると、悪魔が出てくるという言い伝えも、フラクタル図形の持つ不思議な美しさと関係しているのでしょう。ペンタグラム（五芒星、第17号）も、その中に無限にペンタグラムが作図できることから、昔の人は特別な力を持つ紋章とみなしたのでしょう。

Romanesco

三陸海岸

（R3.12.11）

27　ペッパーからネイピアへ

　12日は、岡山大学近くのペパーランドでライブイベントが行われました。校長の酒井（神闘歌）さんのステージなど充実した内容でした。ペパーランドというネーミングの由来の一つは、中世ヨーロッパで高価な香辛料であり、インド原産のこの香辛料を安価に手に入れたいということが、大航海時代の一つの動機ともいわれている胡椒（ペッパー）からとのこと。これを今回の導入としてみました。（参考資料　香料の道　中公新書）

　数楽通信第10号「ルネッサンスと位取り記数法」にも書いたように、計算法の発展に伴い、ヨーロッパでは経済活動が活発化していきます、そして、人々は、香辛料などの交易による莫大な利益を求め、大洋に乗り出し、大航海時代の幕開けとなります。ルネッサンスも経済発展あってのことです。（アニメ・ワンピースのイメージはこの時代でしょう）

　しかし、大洋での航海は困難を極めます。目印の何もない大海原で、自分の位置を知る指標となるものは何だったでしょうか？ それは夜空の星しかありません。星の観測は、古来から行われ、数楽通信第3号に書いたコロンブスのエピソードのように、蓄積されたデータから天文表（ルドルフ表）もありました。しかし、それから現代のGPSのように自分の船の位置を決めるようにできるためには、三角関数（sin、cos）を用いた、10桁もの掛け算、さらに割り算が必要でした。ところが当時のヨーロッパには日本のソロバンのような優秀な計算機器はありませんでした。10桁の掛け算、さらには割り算を試しに手計算でやってみれば、どれだけ大変か、「天文学的計算」という言葉が生まれたのも、納得できるでしょう。このような時代背景において生まれたのが対数です。

　アイデアは次のようなものです。次の2のべき乗の表を見てください。

2	2^2	2^3	2^4	2^5	2^6	2^7	2^8	2^9	2^{10}	2^{11}	2^{12}	2^{13}	2^{14}	2^{15}	2^{16}
2	4	8	16	32	64	128	256	512	1024	2048	4096	8192	16384	32768	65536

上の表を利用して　128×256

65536÷4096　を暗算でやってみてくだ
さい。

　指数法則が理解できていれば、掛け算を
指数の足し算に、割り算を引き算に変換し、
後は表を見るだけで答えが出せますね。足
し算、引き算なら10桁でも計算量はたいし
たことはありません。この指数を取り出す
という操作に対数という名を付けたのがス
コットランドのネイピアです。新しい概念
が出てくると、それを表す記号が必要にな
ります。ネイピアは、自分の考えた対数と

ネイピア
John Napier　1550 - 1617

いうアイデアに、ふさわしい記号を考え出しました。それが log で logarithm
の略であり、logos と arithmetic（算術）からネイピアによって作られた造語
です。logos は実に多くの意味を持っており、古代ギリシャ思想を実体化し
たような単語です。その中には、比という意味もあり、2 のべき乗、等比数
列から指数を取り出すという働き、さらには logos の持つ論理的意味合い
（logos は logic の語源でもある）や、霊的・神秘的なものも含め、驚くべき計
算術という意味をネイピアは込めたのでしょう。実際「対数が発明され、使
われるようになって天文学者の寿命が 2 倍になった」とフランスのラプラス
は述べ、電卓以前は科学・工学計算は、すべて対数の原理を用いた計算尺で
行われていました。

　（令和元年に「ラプラスの魔女」という東野圭吾原作の映画が上映されて
います。）

(R3.12.12)

（付録 2 ：計算尺）

28 「イマジン」と「ファンタジア」

　先日、少しうれしいニュースをみました。林芳正外相が、主要7カ国（G7）外相会合の夕食会場となった英国リバプールのビートルズ・ストーリー博物館で、ジョン・レノンの代表作「イマジン」をレノンが愛用した白いピアノのレプリカで演奏し、各国外相から笑顔で拍手を送られたというものです。日本の外相が、こういった国際的な場で、しゃれたことができるというのは、誇らしい気がしました。「イマジン」は数楽通信第11号でも書いたように、東西冷戦時代の歌で、リリースされたときはその名の通り夢想的で、現実離れしていると批評されたのですが、当時の若者の心を捉えました。現代は、また一時の雪解けムードからの反動か、独裁的な指導者が多くなり、きな臭い国際情勢です。しかし、数学での全く実在のないイマジナリーナンバー虚数が、様々な場面で活躍しているように、浮世離れしているという「イマジン」も、歌い継がれてほしいものです。実在しない数、虚数についてのエピソードといえば思い出されるのは、300年来、解かれなかった数学の難問「フェルマーの最終定理」が20世紀末に解かれたときのこと、当時IQ世界一といわれ、ニューヨークタイムスにもコラムを持っていた　マリリン・ヴォス・サヴァントが それについて、実在しない虚数を使って解いたので、証明になっていないという本を出版し、数学者から数学を分かっていないという批判を受けたことがありました。原著を読んでいないので、はっきり言えませんが、世間一般のIQ神話も、鵜呑みにしてはいけないという気もしますね。そこで、虚数が現実に役に立っている例を紹介しておきましょう。次の図は、交流のアンプ（増幅器）の電子回路（Electronic Circuit）です。取り上げた理由は、この回路を出発点とした会社の株式の価値が現在数十億ドルになっているからです。この回路の素晴らしいところは、どんな小さな入力からでも任意の周波数の出力を取り出し、増幅することができると

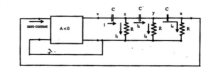

ころです。次に、この回路を表す方程式（微分方程式といいます）と、その解を載せます。理解できなくても大丈夫、私も理解できていません。ただ、方程式にはj（虚数）がないのにその解にはjが現れることに注目してください。電気では、 i は電流そのものを表すの

$$\frac{d^3 v}{dt^3} = \frac{d^3 u}{dt^3} + \frac{6}{RC}\frac{d^2 u}{dt^2} + \frac{5}{(RC)^2}\frac{du}{dt} + \frac{1}{(RC)^3} u.$$

$$\frac{U^+}{V^+} = \frac{-j\omega^3}{\left(\frac{1}{RC}\right)^3 - \frac{6\omega^2}{RC} - j\omega\left[\frac{5}{(RC)^2} - \omega^2\right]}.$$

で虚数には jを使うのです。この方程式を解くには、虚数が必要なのです。この特別な発振機の基礎となる製品は、1930年代の終わり頃、スタンフォード大学の大学院生ヒューレットとパッカードにより、開発されました。そう、先の会社の株式価値が、現在数十億ドルになっている会社とはヒューレット・パッカードです。彼らは、これを使って、sound-generator（音源装置）をつくり、それをウォルト・ディズニー に売り込みました。そして、ディズニーは、これを音声効果を産み出すために使い、史上初のステレオ音声長編アニメを制作しました。その「ファンタジア」では音声効果が観客を魅了し、アニメの古典として、記念碑的作品となりました。おとぎの国の裏側では、魔法だけでなく、愛だけでもなく、虚数のi（あい）も働いていたのです。

（R3.12.17）

29 賢者とは
「賢者の贈り物」と「賢者の石」

　先日は、楽しいクリスマス会でしたね。そこで「賢者の贈り物」というお話がありました。「賢者」とは、何を指すのでしょうか？　夜間中に学びに来ている方は、「賢くなる」という目標を持っておられるはずですね。「賢くなる」とは、難しい問題で私にはよく分かりませんが、ヨーロッパでの「賢者」という言葉の使われ方を調べてみました。まず、クリスマス会の「賢者の贈り物」ですが、英語で"The Gift of the Magi"、賢者は"Magi"となっています。作者のオー・ヘンリーは新約聖書の、東方の３博士が贈り物を持ってキリストの誕生を祝いに来たエピソードからこの短編を書き上げたといわれています。

　この博士たちの専門は占星術、すなわち数楽通信で何度も触れているように天文学者、古代の知的な人の代表です。"Magi"は日本では博士とも訳されて、これは"Magic"の語源ともいわれています。さらに、今年はハリー・ポッター第一作『ハリー・ポッターと賢者の石』公開20周年。「賢者の石」とは、一体なんでしょうか？『賢者の石』は英語では、「Philosopher's Stone」で、Philosopherとは哲学者です。中世以前には、科学者（scientist）という言葉はなく、数学・物理・化学という区別もなく、様々なことを思索する賢い人（プラトンやアリストテレス）は、哲学者（Philosopher）といわれていました。ですから、「賢者」というのは、知識がある、頭の回転が速いだけでなく、むしろ、ゆっくりでも深く考え、真理を追究するという意味が込められていると思います。実利だけを追うのではないという所は、「賢者の贈り物」にも、込められていましたね。ここから、いつものように少し話はそれていきます。中世では、物質の根源を探求し、金以外から金を作り出す錬金術を追求する、錬金術師といわれる人々がいました。漫画では「鋼の錬金術師」がありますね。この錬金術師たちの究極の目標が、金を作るだけでなく、人を不老不死にすることで、それができる不思議な力を持つ石が「賢者の石」でした。化粧品「エリクシール」は錬金術の不老不死の薬の名です。ですから魂だけになった「ヴォルデモート」が手に入れたがっていたのでした。この錬金術が

盛んだったのは、自然科学の発展するルネ
ッサンス以前、中世の暗黒時代といわれる
時代で、錬金術師は黒魔術を使い、悪魔と
取り引きする怪しい人と一般の人からは思
われていたようです。この錬金術師として、
ハリー・ポッターに登場するのが、ホグワ
ーツ校長ダンブルドアの友人 ニコラス・フ
ラーメルです。物語中では665歳の設定で、
賢者の石の製造に成功したという伝説があ
る人物です。錬金術は魔術のように思われ
ますが、最初、イスラム世界で発展し、化
学の発展の土台となり、現在の化学実験器
具の原形は錬金術師たちが考え出したもの

賢者の石を求めて錬金術師

も多いのです。イスラム起源の「アル」の付く科学用語には、「アルカリ」
「アルコール」などがあります。そして、この魔術的・非科学的な錬金術に生
涯を掛け、最後の錬金術師といわれたのは、他でもない、科学万能時代の扉
を開けた、機械仕掛けの世界像（Clock Work Universe）の創造者アイザッ
ク・ニュートンなのです。ニュートンの記念碑的書「自然哲学の数学的諸原
理」は"Philosophiae Naturalis Principia Mathematica"で Philosophiae すなわ
ち哲学者・賢者の代表といわれるニュートンは錬金術師でもあったのです。
　＊錬金術は19世紀になって、原子（アトム）の存在が実証され、不可能で
　　あることが確定します。

（R3.12.21）

30 新しい眼を開こう
進化の奇跡と座標

　「開眼」という言葉をご存じですか？　もともとは「カイゲン」と読みます。医療の開眼手術などは、「かいがん」です。「カイゲン」の方は、仏教から来ているようで、辞書を引くと「新作の仏像・仏画に眼を点じて魂を迎え入れること」とあり、それから「真理を悟ること。特に、技術・芸能の道で真髄を悟り、極致を窮めること。また、こつを会得すること」とあります。新しい年の目標にふさわしいですね。ところで、皆さんは「カンブリア宮殿」という番組を見たことがありますか？　あの番組のバックで水中を泳ぎ回っている不気味な生物はアノマロカリスです。今から５億年も前のカンブリア紀、それまで単細胞生物しか存在しなかった地球上で、生命が爆発的な進化を遂げ、多種多様な多細胞生物が出現しました。そのなかでもアノマロカリスは海の最強のハンターで、食物連鎖の頂点に位置する生物でした。体は固い殻で覆われ、エビやカニのような背骨のない無脊椎動物でした。一方当時、我々の祖先はピカイアという、背骨（脊椎）はあっても、数センチのナメクジのような生物で、海の中を弱々しく泳ぎ回っていました。当然、１メートルもある大きな固い体のアノマロカリスに対抗できるわけもなく、捕まれば食べられてしまっていたでしょう。ところが、現在の世界を見てみると、我々人類を含む脊椎動物の天下です。どうしてこのような生存競争の大逆転が起きたのでしょうか？　それが最近の遺伝子（genom）の最新研究から分かってきました。ちょうどこの頃、全genom重複という奇跡のような出来事が、それも２回、脊椎動物に起こっているのです。その結果、生物の設計図である遺伝子の量が四倍になり、より複雑な、高度な機能を持った体を作り上げることができたのです。ここでは特に「開眼」に関連して、眼について話をしてみましょう。

　アノマロカリスの目は昆虫と同じ複眼で、１万6000個もの小さな目があり、広い角度を見回すことができました。一方ピカイアの目は明るさを感じることのできる程度の目でした。この目の網膜と脳をつなぐ視神経の遺伝子が全

genom重複により、二つできた
のです。一つは上下方向の光の
強さを受け取り、もう一つは左
右方向の光の強さを受け取り反
応するように進化しました。こ
れは網膜上に座標ができたのと
同じです。一つがy軸、もう一
つがx軸の役割をするようにな
ったのです。目に映ったものの
位置が、上下左右の座標により

アノマロカリス

はっきり捉えられるようになったのです。脊椎動物は全genom重複により、
カメラのような眼、カメラ眼を獲得したのです。一方、昆虫などの複眼は、広
角に対象を捉えられますが、一つ一つは小さな目で、ぼんやりとしか、物体
を知覚できません。ここで生存競争における一つの大きな差が生まれ、逆転
の要因となったのでしょう。カンブリア紀から１億年後には無脊椎動物も大
きな進化を遂げ、２メートルを超えるような海サソリに進化していますが、ピ
カイアの子孫の脊椎動物は最大数メートルもの魚類に進化を遂げ、海サソリ
を絶滅に追い込んだのでした。座標を考え出したのは、16号「澪標」に書い
たようにルネ・デカルトです。彼は座標によって方程式と図形を融合し、図
形を方程式で表し、方程式を解くことで図形の研究する方法を創り出しまし
た。

(R4.1.8)

31 比と無理数

　2月の数学検定を目指して、一斉授業では「比」の話をしています。「比」とは、「比べる」という読みから分かるように、二つまたはそれ以上の量を比べることですが、比べるには二つの方法があります。引き算で比べるか、割り算で比べるかです。引き算で比べると、結果はどちらがどれだけ多いか少ないかとなります。割り算で比べると、どちらがどちらの何倍か、何分の何かとなります。

　数学で「比」というときは、割り算の方を指します。また計算せずに　n:m（n対m）という表現もよく使います。ここでは、この比と関係して、$\sqrt{2}$ のような数をなぜ無理数というかについて説明してみます。ここからは、推測の部分もありますので、正確なことをご存じの方はご連絡ください。日本は明治維新前、幕末頃から蘭学（オランダ語）を通し、西洋の進んだ文化、学術を取り入れました。それまで日本の学問になかったような新しい考え、概念（concept）には、漢字を用いてもとの言葉の意味になるべく近い訳語を作りました。幕末の津山藩藩医で蘭学者、宇田川榕菴は元素、酸化、還元、溶解、分析といった化学用語、酸素、水素、窒素、炭素、白金といった元素名や細胞、属といった生物学用語を考え出しました。珈琲（コーヒー）には漢字そのものを考案したということです。さて、無理数とは分数で表されない数という意味です。こういった概念は江戸時代までの日本にはなかったでしょうから、明治維新後、西洋の数学から取り入れたでしょう。無理数は英語で irrational number です。ratio は通貨の交換 rate と同じで比を表します。regular にたいして、irregular のように ir が否定の接頭辞ですから、否定される前の rational number は比で表される数すなわち分数ということになります。これは有理数と訳され、これから否定の有理数でない数が無理数となったのです。しかし、有理数は比で表される数ですから、有比数、無理数は無比数の方がよいような気もします。ところが ratio に関係する言葉に rationalism というのがありました。これは合理主義と訳されました。合理主義は、明治時

代に西洋から取り入れられた思想の根本でした。こう訳したのは誰か、ご存じの方はお教えください。ギリシャ哲学にとっては、比は調和であり、筋の通った論理にも、調和が重要でした。ギリシャ思想を表す代表的な言葉「ロゴス」は、論理・思想を表す言葉ですが、比という意味も持っています。rationalism を合理主義と訳したことによって、比で表されない数は無理数という、少し無理な訳語を充てられたわけです。これで、納得のいく言葉で分類できる用意がで

宇田川榕菴

きました。1, 2, 3, 4……といった数を自然数といいます。小さい子が自然に数を数えるとこうなりますね。これは Natural numer です。これに 0 と −1, −2, −3, −4……を加えたのが整数 Integer です。自動車にインテグラというのがありましたね。これには、完全なものといった意味があります。分数は Fraction これは、かけらという意味で「フラクタル」も同じ語源です。整数も分母が 1 の分数とみて、整数・分数をあわせて有理数です。小数は、実は非常に新しく、数百年の歴史しかありません。これは、0 の発見と位取り記数法が確立されなければ、小数記法は成立しなかったからです。分数の形で、表されない数が無理数でした。この有理数と無理数を合わせたものが、実数 Real number です。それでは、実数でない数は、あるのでしょうか。

（R4.1.16）

具体から抽象へ
—算数から数学へⅠ—

　数学検定はコロナのため延期になりましたが、6級から5級、算数検定から数学検定のところで、ギャップを感じている人もいるかと思います。夜間中では「一歩ずつ」を強調していますが、それは算数の「はじめの一歩」も同じだったと、皆さんに教えながら思っています。ノーベル文学賞を受賞した詩人アナトール・フランスの本（「少年少女」（岩波文庫））の中に次のような話があります。

　『先生は、小さな生徒たちに先ず計算の仕方をお教えになります。先生はローズ・ブノワさんに「十二から四つ引いたら幾つ残りますか」と質問します。ローズさんは「四つ」と答えます。先生はこの答ではお気に入りません。「じゃ、エムリーヌ・カペルさん、十二から四つ引いたら、幾つ残りますか」「八つ」と、エムリーヌさんは答えます。そこで、ローズさんはすっかり考え込んでしまいます。八つ残っているということは分かりますが、それが八つの帽子か、八つのハンケチか、それとも、八つの林檎か、八つのペンかということがわからないのです。もうずいぶん前から、そこのところで頭を悩ましていたのでした。六の六倍は三十六だといわれても、それは三十六の椅子なのか、三十六の胡桃なのかわからないのです。ですから、算術はちっとも分かりません。

　反対に、聖書のお話は大変よく知っています。生徒のうちでも、地上の楽園とノアの方舟のことをローズさんのように上手にお話しできる生徒は一人もいません。ローズさんは、その楽園にある花の名前を全部と、その方舟にのっていた獣の名前を全部知っています。それから、先生と同じ数だけのお伽話も知っています。』

　これは、よく考えてみれば誰でも経験したことではないでしょうか？　ローズ・ブノアは後半を読めば分かるように、知的な能力は十分あります、いや却って、想像力を働かせて、いろいろ考えてしまうから迷っているのでしょう。そして、これは人類がたどってきた道でもあるのです。数の呼び方に、

馬なら１頭、２頭、鳥なら１羽、２羽と区別しているということは、馬２頭と鳥３羽は足せなかったということでしょう。掛け算においては、あの論理的であった古代ギリシャ人は、意味の通らない掛け算は拒否していましたし、それは中世ヨーロッパの頃まで尾を引いていました。この個別の意味を考えずに、その計算の方法・ルールだけに目を付けたのが、単に数えることから、算術・算数となった大きな飛躍でしょう。これが、表題にした「具体から抽象」ということです。具体とは、「体を備えている」、１なら馬の１頭か、鳥の１羽か、その実体まで考えるということです。

Anatole France

　抽象とは「象を抽き出す」。ここが像でなく象となっているので、少し調べてみました。「象」は象形漢字で、動物のゾウの特異で印象的な姿を漢字にしたもので「ゾウのありのままの姿形＝形の意」となりました。「そのまま・ありのまま」という意味合いも強く、「現象・気象・印象・事象・万象・象徴」も象を使います。「像」は人偏がつき、人の形をそのまま再現という意味で仏像や人物像などに使われます。抽象の象は一般的、共通な印象・イメージという意味と取れば良いでしょうか？　英語を見てみると抽象は"abstract"「アブストラクト」で"ab"は"abnormal"で分かるように、「から離れて」、"stract"は"stracture"「構造」で「構造を引き出す」という意味でしょう。「十二から四つ引く」のが帽子でもハンケチでも林檎でもペンでも、共通の同じ計算で、答えも同じということを算数の12－4＝8ということは示しているのです。次回は、さらに抽象化した文字の話です。

（R4.1.29）

33 数字から文字へ
—算数から数学へⅡ—

　前回の話をまとめると、数字というのは、八つの帽子、八つのハンケチ、八つの林檎、八つのペン……をすべて8という数字で表す、抽象化したものということでした。そして、次に算数から数学ということになると、この計算規則を文字というものを使って表していこう、さらに抽象化していこうということになります。算数はローズ・ブノアのように悩まずとも、「習うより慣れろ」で、乗り越えられるかもしれません。しかし文字が入ってくる中学校一年では、多くの人が、躓きます。「習うより慣れろ」やドリルの反復練習だけでは、いつまでも乗り越えられません。これが、ほとんどの人には馬鹿らしいと思えるような「ローズ・ブノアの悩み」の話をした理由です。ここで一番簡単な、同じものを足すという計算を考えてみましょう。1＋1＝2　2＋2＝4　3＋3＝6　4＋4＝8……　これらから共通な、一般的な規則、構造を抽出して、それを式で表すにはどうしたらいいでしょうか?　小学校でやったように（　　）を使ってみると（　　）＋（　　）＝2×（　　）と表せますね。

　同じものを足すことは、2を掛けること。これは最初に掛け算を習ったときの意味でした。（　　）＋（　　）＋（　　）＝3×（　　）……となります。しかし、（　　）が何種類も出てくると区別するのが大変です。括弧の種類は4〜5種類くらいです。また、（　　）を書くのは面倒くさいですね。数学というのは、面倒くさがりですから、どんどん省略していきます。そこで、何でも丁寧に、きちんと書いていく人は、付いていけなくなったり、数学がいやになったりしますが、そこは我慢して付き合っていきましょう。さて、そこで（　　）に目印を付けて、（　　）a,（　　）b,（　　）c……として、区別したとしましょう。ここまで来れば、もう（　　）を書かなくても、a, b, c でこれは（　　）を表すと約束すれば良いですね。歴史的には、こういう道をたどったかは、分かりませんが、最初に文字を用いたのは16世紀フランスのフランソワ・ビエトといわれています。当時は専門の数学者という地位はなく、ビ

エトは弁護士、政治顧問官をしながら、数学を研究しました。数を文字で表し、代数の原理と方法を確立し、「代数学の父」といわれています。

Francois Viete

　このヴィエトは天才的な頭脳の持ち主（次号で紹介）でしたが、彼を持ってして、やっと（　　）＋（　　）＝2×（　　）を文字を使って表すことができたのでした。

　それが　a＋a＝2a　です。文字で表す場合×は省略します。（省略は数学の癖）

　この説明を、これだけ大きく書いたのは初歩の段階では$a+a=a^2$と間違える人が非常に多いからです。文字式が分からなくなる原因はここにあるような気がします。

原理・考え方がよく分からずやっていると、人間は迷うと難しい方を選択しがちです。2aと簡単にして間違うと何か恥ずかしいような気がするのでしょうか？　それなら難しい方を書こうという心理かもしれません。数学は文字を使い出すと、中身がすぐには把握できないので「習うより慣れろ」が通用しにくくなります。回り道のように見えても、その意味をしっかりと理解することが大切です。分数の場合も同じでしたね。

　文字式でも割り算は　$a \div b = \dfrac{a}{b}$　と分数で書くのがルールです。

　理解すれば、あとは、一定の手順（アルゴリズム）で問題を解いていけます。

　次回は、ヴィエトについて、もう少しエピソードを紹介しましょう。

(R4.1.29)

34　悪魔に魂を売った男

　最初に文字を用いたのはフランソワ・ヴィエトと前号で述べましたが、正確には、ディオファントス（AD200〜284＝推定）は、彼の著書『算術』において未知数（分かっていない数、教科書ではxやｙで表される）を文字で表していました。しかし既知（分かっている）の定数も一つの文字で表したのはヴィエトが初めてでした。このディオファントスについて、少し紹介しましょう。ディオファントスはローマ帝国時代の古代エジプトの数学者です。ヴィエトに先立ち、「代数数学の父」と呼ばれることもあります。彼の著書『算術（Arithmetica）』は、後にフェルマーがフェルマーの最終定理として知

ディオファントス「算術」

られる書き込みを余白に書き残したことでも有名です。量子コンピュータにも耐えられる暗号開発に役立つといわれる現代数学のディオファントス方程式やディオファントス近似は彼の名にちなみます。

　ディオファントスの墓碑銘には、次のような有名な問題が書かれていたとされています。

　ディオファントスの人生は6分の1が少年期、12分の1が青年期で、その後に人生の7分の1が経って結婚し、結婚5年で子が生まれた。しかしその子はディオファントスの半分しか生きずに亡くなった。その4年後にディオファントスも亡くなった。

ディオファントスが何歳まで生きたかを求められますか？

これは、一次方程式の上級問題にふさわしい問題です。図を書き、挑戦してみてください。解答は41号で。

　さて、ヴィエトの話に戻りましょう。暗号の話が出ましたが、当時のヴィエトはフランスのアンリ4世につかえており、フランスはスペインと宗教戦争の最中でした。スペイン王フェリペ2世からの当時最先端の解読不能と思われた暗号で書かれた手紙をおさえたフランスは、その解読をヴィエトに任せました。彼は見事解読し、フランスに多大な貢献をしました。フェリペ2世は絶対に破られないと思っていた暗号が破られたため、『フランスは暗号を解読するために、悪魔と契約を結んだ』とローマ教皇に訴えました。これからヴィエトは悪魔に魂を売った男とも呼ばれました。また、ベルギーの数学者ファン・ルーメンが「数学の概念」という本の中に次のような45次の方程式を載せました。

$$x^{45} - 45x^{43} + 945x^{41} - 12300x^{39} + 111150x^{37} - 740459x^{35} + 3764565x^{33} +$$
$$3764565x^{33} - 14945040x^{31} + 469557800x^{29} - 117679100x^{27} + 236030652x^{25} -$$
$$378658800x^{23} + 483841800x^{21} - 488494125x^{19} + 384942375x^{17} - 232676280x^{15}$$
$$+ 105306075x^{13} - 34512074x^{11} + 7811375x^{9} - 1138500x^{7} + 95634x^{5} - 3795x^{3} +$$
$$45x = C$$

　ルーメンは当時の数学者たちに対して「その方程式を解いてみよ」と提示し、アンリ4世はネーデルランド大使に「この問題を解ける数学者はフランスにはいないだろう」と挑発されましたが、ヴィエトは三角法（sin, cos）の利用が有効であると見抜き、数分で正の解を見つけ、さらに23個の正の解と22個の負の解があることも示した、といわれています。

　最後にヴィエトによるπの無限近似式を紹介しましょう。このように素晴らしい能力を持ったヴィエトで

$$\sqrt{\frac{1}{2} + \frac{1}{2}\sqrt{\frac{1}{2} + \frac{1}{2}\sqrt{\frac{1}{2} + \frac{1}{2}\sqrt{\frac{1}{2} + \frac{1}{2}\sqrt{\frac{1}{2} + \frac{1}{2}\sqrt{\frac{1}{2} + \cdots}}}}}}$$

したが、ギリシャ時代からの1次（一乗　a, b, c……）は線分、2次（二乗　a^2, b^2, c^2……）は面積、3次（三乗　a^3, b^3, c^3……）は体積として、厳しく区別され、同じ次数のものだけが互いに計算できるという考え方からは、ヴィエトも脱却できませんでした。

　天才といえども、時代の枠組みを超えるということは難しいということでしょう。

（R4.1.29）

35　掛け算九九

　先日の新校舎整備作業の際、九九の話題が出ました。外国には、九九があるのか？　九九はいつ頃からあるのか？　どこが発祥か？　夜間中学で、苦手意識を持つ人の多い分数のなじみにくさは九九を逆に使う割り算にもあるようです。何事も、逆は一段と難しくなります。九九がぱっと出てこないと、割り算に時間が掛かります。そして、それが特に分数のなじみにくさの原因にもなっている気がします。九九といえば、ただひたすら反復練習というイメージですが、ここでは、九九の周辺を眺めてみましょう。まず、九九の発祥ですが、やはり中国のようです。今から3000年以上も前の殷（前1559年‐前1046年）では、甲骨文字や青銅器が多く作られ、物物交換に代わり通貨での売買が始まりました。殷は500年近く栄えましたが、やがて、周に滅ぼされ、その臣民たちは土地を失い、交易で生計を立てなければならなくなりました。殷の首都が商であったので、当時の人々は物を売買する人たちのことを商人と呼ぶようになったということです。商の人たちは、同じものが場所によって異なる値段であることを知り、価格が安いところで買って、価格が高いところで売って利潤を得るという商売の大原則を発見した最初の民族といわれています。その商業には計算に長けていることが必須です。特に、割り算は、当時掛け算より難しい高等算術でしたが、それも得意であったので、割り算の答えが「商」といわれるようになりました。ですから、文献にはなくても「九九」に近いものはあったと推測されます。また「九九」の名は、古代中国では「九九八十一」から始まり、「一一が一」で終わっていたからです。日本では、奈良時代の平城宮跡で「$1 \times 9 = 9$」を「一九如九」と表した木簡が見つかっていて、古代中国の算術書「孫子算経」に同様に「如」の字を使う表記があり、当時、九九が中国から伝わっていたことを具体的に示す最古の資料とされています。平安時代には貴族の教養の一つとされ、8世紀に成立した万葉集には、柿本人麻呂の「十六社者 伊波比拝目」（万葉集3・239）という歌があります。「十六」と書いて「しし（四×四）」と読み、「猪」までも

が狩りに出かけた長皇子を敬っていると詠んだものです。同様に「情（こころ）二八十一［ニクク］あらなくに」、「八十一里［クク］りつつ」、「いさ二五［トオ］聞こせ」、「かく二二［シ］知らさむ」、「君は聞こし二々［シ］」など、九九を用いた戯書（語呂合わせ）が多数見られます。室町時代には、商業の発展と合わせ、そろばんが伝えられ、和算家、毛利重能の『割算書』（著者の確認できる日本最古の数学書）などの影響もあり、一般庶民も九九に親しむようになった

毛利重能の「割算書」

ようです。毛利重能は『塵劫記』の著者、吉田光由の師匠でもあります。これには元の頃、中国で発明された、そろばんに便利な「割り算九九」が紹介されています。海外における九九事情は、インドでは2桁、最低でも20×20、最高では99×99までの九九が学ばれていて、インドの大学生は数学的能力が高いとして、日本で一時インド式算術がブームとなりました。英語圏では単位に（1シリング＝12ペンス、1フィート＝12インチ）など12進数のものが多く、12×12まで習います。しかし、英語では、語呂合わせができないので九九の習得が容易でないといわれています。

　夜間中では、位取り、概数の感覚を養うため、「十の段」も必要かとも感じています。

（R4.2.19）

36 鶴亀算

　前号で江戸時代の和算の話などが出ましたので、今回は小学校レベルでは難問とされる鶴亀算の話題です。

　鶴亀算は中国の数学書『孫子算経』（３世紀頃）にある「雉兎同籠」が始まりとされています。

　問　「今有雉兎同籠」雉と兎が同じ籠の中にいる　「上有三十五頭」頭の数は35である「下有九十四足」　足の数は94である　「問雉兎各幾何」雉と兎はそれぞれ何匹いるか

　答　雉二十三　兎一十二

　ここで登場したのは「鶴と亀」ではなく「きじとうさぎ」だったのです！

　その約1000年後、元の時代の算学啓蒙（朱世傑）「鶏と兎」に変わり、狐狸は頭が１つで、尾が９つの「狐狸」や頭が９つで、尾が１つの「鵬鳥」などの妖怪のようなものも登場しています。そして、江戸時代の日本でおめでたい、長寿の動物とされる「鶴と亀」に置き換えられて今に至ります。鶴の寿命は50〜60年と身近な鳥類の中では長く（動物園などで飼育されている鶴は80年ほど）、亀はウミガメやリクガメのように大きな亀は30〜50年ですが、ゾウガメのなかには100年以上生きるものもいます。セントヘレナ島のゾウガメの「ジョナサン」は、今年で190歳といわれますが、生まれた年が推定1832年ということで、それ以上の年齢の可能性もあります。

　この解き方ですが『孫子算経』には、次のように記してあります。

「半其足 以頭除足」足の数を半分にし、その数から頭の数を引く（→兎の数）
「以足除頭即得」頭の数から兎の数を引く（→雉の数）

　これは、割り算を使っていますが、日本での鶴亀算の解法としては、

「頭の数を２倍して、それから足の数を引く。そうするとそれが四つ足のものの数になる」

　というやり方が一般的です。これは、すべて二本足だったらと考えているわけですね。

ですから、頭の数を2倍したわけ
です。ところが、2倍したものを足
の数から引くと、余りが出てきます。
それは、その数に対応する4本足の
ものがいたわけです。一匹につき、
2本余るので、2で割れば、4本足
の亀（兎）の数となります。鶴（雉）
の数は、これを全体の頭数から引け

鶴亀算

ば求められます。 このやり方は、「もしこうだったら」「もし、全部2本足だ
ったら」と考えるわけで、数学的には、「仮定してみる」という非常に大切な
アイデアです。昭和の初期、戦前の国定教科書緑表紙には、ツル・カメ算が
入っていて、旧制中学入試問題などによく出題されました。しかし、同じよ
うな文章題の難問も多く出題されたため、じっくり考えて、アイデアを味わ
うというより、パターン化された解法を暗記するという勉強法になっていき
ました。「こういうむつかしい応用問題は小学校でやってはいけない」藤沢利
喜太郎・遠山 啓他。これは、現在の入試でも同じですね。それで、戦後、統
一的に扱える方法として、中学で文字を使った連立方程式を用いるようにな
りました。文字を使う威力は、ここでも発揮されます。しかし、試験を意識
せず、アイデア味わう気持ちで、ゆったり取り組むのも良いと思います。

文字を使った連立方程式では　　　　　　　$x + y = 35$
上の問は右のようにかんたんに表せます　　$2x + 4y = 94$

（R4.3.3）

37 和歌に隠された教訓とマグニチュード

契りきなかたみに袖をしぼりつゝ
末の松山波こさじとは　　　清原元輔

末の松山

　昨日は、東日本大震災から11年、あの津波の映像が記憶に、まだはっきりと残っている方も多いと思います。最近、特に台風や大雨などの自然災害が頻発しているように思われますが、この百人一首の歌は何の意味があるのでしょうか?「末の松山」は「陸奥」の枕詞といわれていますが、その由来は?　この歌の波とは何を指すのでしょうか?

　国語の授業では、これらのことは教えてもらえないでしょうが、興味を持たれた方は、歌の意味を調べてみてください。実は、この歌の「末の松山波こさじ」の「波」とは津波のことなのです。この歌が詠まれたのは、平安時代、10世紀頃ですが、その少し前にちょうど東日本大震災とほぼ同じ震源・地域で貞観大地震が起きており、やはり東北地方が大津波に襲われたのです。しかし、今の宮城県多賀城市にあるこの歌の「末の松山」(小さな丘ですが)は、越えなかったという史実が「考えられないような大津波でも越えなかった」→「絶対に起こり得ないこと」の例えとして使われているわけです。実際、現代の科学・技術を駆使したといわれる原子力発電所の設計時でも、「想定外の大津波」とされていた規模の東日本大震災時の大津波も、やはり「末の松山」を越えなかったのです。さて、ここから数学の話題に入ります。地震の大きさを表すのにはマグニチュードという単位を使います。震度というのは、人間が感じる主観的な尺度です。人が感じるのですから、大地震でも遠くなら、震度は小さくなります。震度は、

0～7までで設定されています。中途半端なようですが、5と6には強・弱があり、それを考えると、10段階です。8以上がない理由は、8以上と思われる地震が観測されたことがないことと、建物がほぼ瞬時に倒壊し、体感できないと勝手に推測しています。それに対してマグニチュードは地震の絶対的なエネルギーを表します。日本の地震学者 和達清夫の発想にヒントを得て、アメリカの地震学者チャールズ・リヒターが考案したそうです。マグニチュードは英語でMagnitude、大きさ、巨大という意味です。それでは、毎年のように起きているM6程度の地震と東北東日本大震災のM8のエネルギーはどれほど違うのでしょう。この2の差はただ2のではなく、1000倍です。1の差では約32倍です。これも、中途半端な数字ですね。これは1000の正の平方根、すなわち$\sqrt{1000}$から来ているのです。(ここで、少し数学豆知識 平方根とルートは違います。例えば4の平方根は、2乗（2回掛けて）して4になる数、＋2と－2ですが、$\sqrt{4}$はその正の方＋2を表します。$\sqrt{4}=\pm2$はよくやるまちがいです。) 地震のエネルギーの幅は、非常に大きいので、等級分けによく使う10段階にすると2等級の差を1000倍のスケール（物差し）が適当ということで、1等級が$\sqrt{1000}$、約32倍という値になったと推測できます。ですからM1からM7で1000倍を3回掛けることになり、1,000,000,000 倍すなわち十億倍、M8になると、さらに約32倍なので320億倍となります。自然現象の等級は足し算的でなく、掛け算的になっているのです。星の明るさの一等星、二等星……もそうです。実は人間の感覚はこういう感じ方をしているのです。刺激に対する感覚器、例えば音の強さに対する聴覚は10倍、100倍になると2倍、3倍に感じるようになっています。これは、非常に小さなものから非常大きなものまで、感じ分けるためには有効な仕組みで、進化の過程でそうなったのでしょう。これは数学の対数といったもので表せます。

(4.3.11)

38 『不思議の国のアリス』と DRINK ME と割り算

　明日は新校舎（いろはみせ様3階）への引っ越し作業の最終日です。てんまや岡山店アリスの広場前集合ですが、このアリスについて、知っていますか？　アリスは、児童文学の古典ベストセラー『不思議の国のアリス』"Alice in wonderland"の主人公の女の子です。この本の作者は、イギリスのルイス・キャロルですが、これはペンネームで、本名チャールズ・ドジソン。実は、オックスフォードの数学教授です。『不思議の国のアリス』を読んだヴィクトリア女王が他の本も読みたいと キャロルに言ったところ、数学の本が送られて

てんまや前 Alice の像

きて、びっくりしたという真偽不明の逸話も伝わっています。キャロルは続編『鏡の国のアリス』他、幾つかの作品を書いていますが、どれもナンセンスなユーモアにあふれています。今回、校舎を提供していただけるいろはみせ様はカバンを取り扱っておられますが、キャロルは作品中で「かばん語」と呼ばれるようになった、いくつかの語をくっつけて、一つの造語を作る手法も編み出しています。例えば「バターを塗ったパン」"bread and butter"と昆虫の「蝶」"butterfly"とをくっつけて、"breadandbutterfly"などです。英語が好きな人は、『不思議の国のアリス』や『鏡の国のアリス』で「カバン語」を探してみるのもよいでしょう。さて、アリスの物語の始まりは、ある夏の昼下がり、川の畔の森の中で歴史のお話を聞かされて、退屈していたアリスが、チョッキを着て、懐中時計を持ったウサギが「大変だ、遅刻だ。遅刻だ」といって、あわてて穴の中に飛び込むのを目撃するところからです。おもわずアリスも追いかけていくと、地の底まで届きそうな巨大な穴に落ちてしまいますが、落下はふわふわと漂うようで、やがて底へ軟着陸、なおもウサギ

を追っていくと、小さなドアのある部屋にたどり着きます。しゃべるドアノブに教えられ、「ドリンクミー」ラベルの瓶を飲むと不思議なことに小さくなってしまいます……ここから、算数の話です。

「2分の1で割ると、なぜ2を掛けることになるか」

　この話で説明してみましょう。算数・数学の分かりにくいところは、誰にでもぴったりとくるという説明はなかなかないようです。そして分かるということは、感覚的なものですから、それぞれの感性によっても違ってきます。あせらず、いろいろな説明に当たって、自分にぴったりのものを見つけるという態度がよいでしょう。ここで、本題に戻ります。割り算という計算は、様々な解釈ができますが、ここでは二つのものを比べるということを意識してください。これは、「比」や「割合」の基本となる考えです。そして、「割る数」が比べる時の、基準・物差しとなっているのです。　$6 \div 2 = 3$　は　6は2を基準として、6は2の3倍です。　$6 \div 3 = 2$　は　6は3を基準とすると、6は3の2倍です。

「割る数」の方から見ると、「割られる数」がどう見えるかということです。

　ここでアリスの登場です。アリスの身長が140cmとしましょう。ドアも同じ140cmなら、$140 \div 140 = 1$　同じものを同じもので割るといつでも、1です。これはアリスの身長とドアの高さが同じということです。ところがアリスが"DRINK ME"を飲んで　70cmになったとすると　$140 \div 70 = 2$　これは2分の1になったアリスから見るとドアはアリスの身長の2倍に見えることを示します。割り算の答えは、この見え方を示しているのです。最初の「2分の1で割ると、なぜ2を掛けることになるか」の説明にもなります。基準（アリス）が2分の1になったので、比べられるものは2倍に見えると解釈できます。

（4.3.19）

39　視点を変える。発想の転換

　先日、最後の新校舎引っ越し準備を生徒
の皆さんとしました。そのとき、生徒のT
さんが新校舎の壁に飾る額縁に入れた絵を
数点持ってきてくれました。

　どれもうまく、Tさんの独特の感性を感
じさせる絵でした。そこで、今回は、イタ
リア、ルネッサンス期のある画家の絵をテー
マにしてみました。絵がテーマですので
右の挿絵は大きくしました。この絵の画家
はジュゼッペ・アルチンボルト（1526-1593）
です。アルチンボルトはウィーンにて宮廷
画家となり、自然科学に深い関心を示した

アルチンボルド「庭師」

マクシミリアン2世、その息子で稀代の芸術愛好家の神聖ローマ皇帝ルドル
フ2世に寵愛されました。

　緻密に描かれた果物や野菜、魚や書物といったモティーフを思いがけない
かたちで組み合わせた「寄せ絵」と呼ばれる、珍奇な肖像画で世に知られて
います。その作風は謎やパズル、風変わりなものに魅了されていたルネサン
ス期を反映しており、20世紀以後のアーティストたちにも、大きな刺激を与
えています。数年前、日本で彼の美術展も開かれています。この絵は、逆に
見る、視点を変えると思いがけない風景が見えてきます。数学では、視点を
変えるということが重要な働きをすることが少なくありません。まともに考
えると、できそうにない問題は、視点を変える、発想を変えると解けること
が多いのです。難問では、もし解けたらと考え、そこから逆にたどると、解
法の筋道が見えてくることはよくあります。文章で書かれた応用問題が苦手
という方も多いと思います。小学校では、考えなさい、よく考えれば解ける
と教えますが、なかなかそうはいきません。頭の中だけでやっていると、簡

単で短く、答えがすぐ見える問題ならいいのですが、複雑で、長い手順が必要な問題になると、途中で詰まって、そこで固まってしまいます。そこで、役に立つのが視点を変える、逆転の発想です。答えの方から見てみる、答えが分かったとしたら、「問題の言っていることは、どんな式で表せるか」と考えるのです。これは、「分からないもの、未知数をxとおく」と教科書、参考書には、さらっと書いてありますが、視点を変えて、答えの方から問題を眺めるということです。その未知数xの式ができあがればあとは、移項という一次方程式を解くアルゴリズム（裏参照）を使えば、解けるまでは一本道です。この移項も、逆のことを行っているわけです。

　移項は計算「足す、引く、掛ける、割る」を等式（イコールで結ばれた式）の右（右辺）から左（左辺）（逆に右から左でも同じです）へ、移動すると逆（＋→−、＋→−、×→÷、÷→×）になるという操作です。

　もう少し難しい二次方程式になると2乗（同じ数同士を掛ける）の逆を使います。

　それがルート$\sqrt{}$という記号です。これは正の方を表すことに注意しましょう。

　また2〜3年前に逆数という意味について、質問を受けたことがありました。「何の逆なのか」という質問でした。

　この逆数とは省略されていますが「掛け算の逆」です。また、分数につながりますが

　それで、2の逆数は2で割ることから$\dfrac{1}{2}$になるのです。

（R4.3.26）

40　和算と切支丹

　前の「掛け算九九」では、毛利重能の『割算書』を紹介しました。この割り算書を巡って、私が色々と教えて頂いていた先生方の本格的な考察・研究があります。今回は、少し学術的な内容ですが、興味深い推察ですので、紹介させて頂きます。元福井高専教授の坪川先生から教えて頂いたのですが、平山諦先生、鈴木武雄先生（一度、研究会でお話を聞く機会がありました）の研究の概略を説明します。両先生の研究以前は、例えば『日本の数学・西洋の数学』村田全（中公新書）では、「いくつかシナの数学書が日本に入ってきたらしく、それらを元にした数学書が日本でも色々書かれた模様である。そのうち、二つは毛利重能の「割算書」と百川治兵衛の「諸勘分物」である」と、西洋やキリスト教との関係は、ほとんど考慮されていません。「しかし、「割算書」でπの近似値を3.16としてある事は、シナの算書にはなく、他の公式も明らかに違っている」とも記述してあります。この疑問点から、当時の資料、状況を読み解いていった研究が平山諦『和算の誕生』恒星社厚生閣、1993年にまとめられています。「割り算の九九は日本に伝わったのちに、「八算」として毛利重能「割算書」に掲載されている。この出だしが旧約聖書の最初を想起されるもので『夫割算と云は、寿天屋辺連（じゅてんやへれん）と云所に知恵万徳を備はれる名木有。此木に百味之含霊の菓、一生一切人間の初、夫婦二人有故、是を其時二に割切より此方、割算と云事有。八算は陰、懸算は陽、争、陰陽に洩事あらん哉。大唐にも増減二種類と云事有。況、我朝にをひてをや。懸算引算馬と選出。正実法と号。需道仏道医道何れも算勘之専也。』と書き始めています。そのためか、毛利はキリシタンの嫌疑をかけられて、後に弟子の力で釈放されています。しかも「割算書」は江戸時代を通じて禁書でした。この中の文言は中国の算書で用いられていた、「九九」が「八算」となっていますし、最初の「二一　添作五」が「二一　天作五」のように「添」が全て「天」と置き換わっています。中国から伝わったものを間違えて記載したという説を唱えるのが従来ですが、しかし庶民はあまり読まない漢文の和算書で

は正しく「添」を用いていることから、庶民が読む本ではあえてこのように記したと思われます。これ以後の和算書もほぼ、この書き方を踏襲しています」

ジュゼッペ・キアラ

　この時代は大航海時代であり、また宗教改革の後、カソリック（フランシスコ・ザビエルで知られるイエズス会）が海外布教に力を入れていた時期で、その強力な手段となったのが進んだ西洋の技術・学術で、宣教師によって、日本の数学は大きく影響を受けたと考察しています。さらに、平山先生の研究を、和算の祖、算聖ともいわれる関孝和が、生年・生地もよく分からず、史料がほとんど残されていないという謎から、さらに進めたのが鈴木武雄先生です。『和算の成立—その光と影—』（恒星社厚生閣）では、幕府のキリシタン禁教政策の中心、大目付、井上 政重は進んだ海外の学術もよく理解した上で、切支丹弾圧を行い、棄教した（転びバテレン）たちを江戸の切支丹屋敷に集め、秘かに有望な若者たちに教育を施したのではないかと考察しています。高原吉種という謎の人物がいましたが、実は彼は宣教師ジュゼッペ・キアラで、関孝和は彼に師事し、それまでの日本の算術のレベルを遙かに超えた業績を残した結論されています。これらを坪川先生は、最近の日本数学教育学会の大学・高専部会で発表されています。

（R4.3.29）

41 急がば回れ

　最近、特に夜間中の数学授業の
モットーは「習うより慣れよ」で
はなく、「急がば回れ」、だと強く
思うようになりました。「急がば回
れ」このことわざは、平安時代の
源俊頼または室町時代の宗長が詠
んだとされる和歌「武士のやばせ
の舟は早くとも急がばまわれ瀬田

瀬田の唐橋

の長橋」に由来すると、江戸時代のはなし本「醒睡笑」に書かれているとの
ことです。武士は「もののふ」と読みます。その意味は、江戸時代の宿場（東
海道五十三次）、草津宿から琵琶湖を挟んだ対岸の大津宿に行くには、一直線
に渡し船（八橋の渡し）で湖上を行くのが、すぐ近くで早く思えても、比叡
山から吹き下ろす強風（比叡おろし）がある時には、なかなか進まず最悪の
場合は、遭難の危険もあるため、遠回りでも陸路で瀬田橋（瀬田の唐橋日本
三大名橋のひとつ）を通る方が確実で早いということです。実際の距離は、水
路約３km、陸路13km。気候の温暖な春、夏なら水路が圧倒的に早いようで
すが、冬の比叡おろしの突風があるときは危険なようです。同じように数学
が苦手という多くの人にはある特徴があります。一気に、頭の中で答えを出
そうとすることです。簡単な、ワンステップ、ツーステップで出来る問題な
らいいのですが、そうはいかない少し難しい問題となると、頭の中で固まっ
てしまいます。コンピュータのフリーズ状態です。これで、数学ができない
と思い込んでいる人が多いのですが、それはほとんどの人がそうです。

　私などは、一歩一歩書かないと、大抵、答えを間違います。なかには、暗
算でパッとできる人もいます。４年前亡くなった有名な英国の車椅子の天文
物理学者スティーブン・ホーキング博士は、鉛筆も持てないため、膨大な天
文物理の計算をすべて頭の中でやっていたということです。しかし、そんな

天才と同じことができないから数学が苦手というのは、100メートル競走で10秒を切れないから、自分は足が遅いと思い込むのと同じだと思います。回り道に見えても、しっかり理解して、ゴールに到達すればよいのです。他にも日本語では「急いてはことを仕損じる」など、英語では "Slow and steady wins the race." などがあります。

それでは、34号の問題をゆっくり、図を描いてやって、確かめてみましょう。

ディオファントスの人生は 6 分の 1 が少年期，12 分の 1 が青年期で，その後に人生の 7 分の 1 が経って結婚し，結婚 5 年で子が生まれた。しかしその子はディオファントスの半分しか生きずに亡くなった。その 4 年後にディオファントスも亡くなった。

ディオファントスが何歳まで生きたかを求められますか?

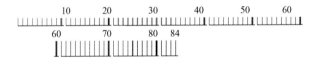

上の問題も、6分の1、12分の1、7分の1ですから、これらで割れる84の目盛りを書くと84の6分の1が14、12分の1が7、7分の1が12、半分が2分の1で42　合計14＋7＋12＋42＝75　それ以外がちょうど9年なので、ディオファントスが84歳まで生きたと分かります。

ゆっくり書いて、数えても、慌てなければ5分程度。十分、数学検定でも間に合います。

(R4.3.31)

表で $\sqrt{2}$ の語呂合わせの話をしたので、$\sqrt{}$ 記号の確認をしていきましょう。

$\sqrt{}$ 記号の基本は $\sqrt{a} \times \sqrt{a} = a$ これは $(\sqrt{a})^2 = a$ としても同じことです。

間違いやすいのは、$\sqrt{}$ 記号は数学 I の範囲では正の数を表す記号ということです。$\sqrt{4} = \pm 2$ と書く人が時々いますが、これは間違いです。これは「平方根」と混同しているのです。

4 の平方根とは、二乗して 4 になる数ですから、x 2 ＝ 4 を解くのと同じで ±2 です。この正負ふたつある平方根のうち、正の方 ＋2 を表すのが $\sqrt{4}$ ですから、$\sqrt{4} = +2$ です。-2 は $-\sqrt{4}$ で表します。

実際に $\sqrt{2}$ の値を求めるには見当を付けて、電卓で二乗を計算していくのです。二乗の値は $11^2 = 121$ $12^2 = 144$ $13^2 = 169$ $14^2 = 196$ $15^2 = 225$ ぐらいまでは覚えた方がいいという話はしましたが、これから

$1.1^2 = 1.21$ $1.2^2 = 1.44$ $1.3^2 = 1.69$ $1.4^2 = 1.96$ $1.5^2 = 2.25$

$\sqrt{2}$ は 1.4 と 1.5 の間の数ということが分かります。ずっと続けていくと

$$\sqrt{2} \fallingdotseq 1.41421356\cdots\cdots \quad となっていきます。$$

＊ $\sqrt{}$ を含む数の大きさは、このように二乗すれば分かります。後は、時間と根気があれば原理的には、どこまでも求められるわけです。このどこまで行っても終わらないのが、気持ち悪いという人もいるでしょうがどこまでいっても終わらないし、規則性もない「$\sqrt{2}$ は無理数」ということが証明できます。

チャレンジ　　$\sqrt{53}$ はどのくらいの大きさの数か

最後に $\sqrt{}$ の計算で間違いやすいところを確認しておきましょう。

$$\sqrt{a+b} \quad と \quad \sqrt{a} + \sqrt{b} \quad の違いです。$$

$\sqrt{a+b}$ は $\sqrt{}$ 記号の意味から、二乗すると $a+b$ となります。

$\sqrt{a} + \sqrt{b}$ を二乗するには公式 $(a+b)^2 = 2ab + b^2$ を使わなければなりません。しかし、間違いやすいので、マス目でやった方がいいでしょう。

その結果 $(\sqrt{a} + \sqrt{b})^2 = a + 2\sqrt{ab} + b$ となります。$2\sqrt{ab}$ だけ違います。

いままで、有理化が理解できなかった人、よく間違えた人はここで間違えたのでしょう。

$\dfrac{1}{\sqrt{a} + \sqrt{b}}$ 分母・分子に $\sqrt{a} + \sqrt{b}$ を掛けて $\dfrac{\sqrt{a} + \sqrt{b}}{a+b}$ とはならないのです。

$\dfrac{\sqrt{a} + \sqrt{b}}{a + b + 2\sqrt{ab}}$ となるのです。ですから分母・分子に符号を変えた

$\sqrt{a} - \sqrt{b}$ を掛けて公式を使うのです。

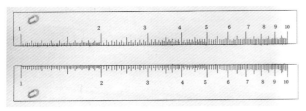

　数学でも、いろいろと計算で実験して考えてきました。電卓やスマホなどない昔の人はどのように複雑な計算をしていたのか探ってみましょう。

　まず、足し算と掛け算の関係から考えてみましょう。足し算を何回も繰り返すことが掛け算です。掛け算の結果の表、「九九」を覚えるには苦労しましたが、一度覚えると計算がずっと速くなりました。そうすると、掛け算を何回も繰り返すことを新しい計算と考え、「九九」のような表をつくれば計算に役立ちそうです。そこで2を何回も掛けることを考えます。2を二つ掛けることを2の二乗といい、2^2と書きます。この2の上の小さく書いた2を指数といいます。すると$2^2 \times 2^3$は2回と3回で2＋3と2を5回掛けることになりますから、掛け算は指数の足し算と簡単になります。次に2の十乗までの表を書いてみました。

2^0	2^1	2^2	2^3	2^4	2^5	2^6	2^7	2^8	2^9	2^{10}
1	2	4	8	16	32	64	128	256	512	1024

　ここで$2^0 = 1$が不思議ですが、何回か掛けるというのは1に掛けていくからです。表をよく見ると、16×64の計算が、掛け算を筆算でしなくても、指数の4と6を足して10、表の指数の10の所を見るだけで1024と分かります。掛け算が足し算と表を見るだけでできるのです。このままでは飛び飛びの値の計算しかできませんが、昔の人は大変な計算で、この表の間を埋め、どんな数の計算もできるようにしたのです。そして表の上段の数を目盛りにし、数字の間隔を掛け算の結果に対応した物差しをつくりました。それが下の物差しで、二つを組にして向かい合わせにして使うと、掛け算ができます。これを計算尺といい、西洋ではソロバンのような便利な計算器具はありませんでしたが、これを用いて天文学の計算なども行い、数学も発展していったのです。

　さあ、実験です。掛け算ができることを確かめましょう。

　まず2×3、答えは6ですから、何通りか目盛りの合わせ方を実験してみれば使い方が分かるでしょう。

　これができれば、もっといろんな数の掛け算、小数の掛け算も試してみましょう。

　そして割り算もできるかを挑戦してみましょう。

計算尺

原理：上の指数の表の上段の指数の長さで目盛りをつけてあります。上下の物差しを切り取り、向かい合わせてスライドさせて計算します。

著者略歴

河合伸昭（かわい・のぶあき）

1954年生まれ。大阪大学基礎工学部卒、同大学院修士課程修了。大阪府立、岡山県立及び市立高校教諭。グラフ電卓を数学の授業に活用するT.T.T.（Teachers Teach with Technology）に参加し、東京理科大学でのT.T.T.年会で、発表。日本数学教育学会でも発表。2012年韓国でのCME12（International Congress on Mathematical Education）では招待され、韓国の高校生に公開授業を行う。現在岡山県立邑久高校、岡山自主夜間中、トライ高等学院（通信制サポート校）等の講師。

写真撮影
　又兵衛桜（表紙およびp5）：　米田豊満
イラスト
　赤木祥人

数 楽 通 信

2024年7月20日　発行

著者　河合伸昭

発行　吉備人出版

〒700-0823 岡山市北区丸の内2丁目11-22
電話 086-235-3456　ファクス 086-234-3210
ウェブサイト www.kibito.co.jp
メール books@kibito.co.jp

印刷　株式会社三門印刷所
製本　株式会社岡山みどり製本